Piero Martin Alessandra Viola

~~Trash~~

Tutto quello che dovreste sapere sui rifiuti

codice
EDIZIONI

Piero Martin, Alessandra Viola
Trash. Tutto quello che dovreste sapere sui rifiuti

Progetto grafico: Undesign
Coordinamento editoriale: Cecilia Toso

Illustrazione di copertina:
© Jorge Gamboa 2017

Codice edizioni, Torino

ISBN 978-88-7578-721-9

codiceedizioni.it
facebook.com/codiceedizioni
twitter.com/codice_codice
instagram.com/codice_codice

INDICE

6

7

8

9

Introduzione

COME SI LEGGE QUESTO LIBRO

Non tutti i libri sono fatti per essere letti allo stesso modo. Alcuni si leggono a salti: salvo rari casi, è difficile appassionarsi alla lettura sequenziale, dalla prima all'ultima pagina, di libri come enciclopedie, elenchi telefonici, dizionari, raccolte di norme. Altri no. Partire dalle ultime pagine di un giallo non è tipicamente una buona idea. Romanzi, saggi, racconti vanno letti dall'inizio alla fine per capire esattamente di cosa parlino e non perdersi il meglio. Scrivere un libro che sia compatibile con entrambi gli stili di lettura non è facile. Per noi, che ci siamo proposti di affrontare un tema come quello dei rifiuti, più che una scelta o un'improbabile sfida letteraria è stata una necessità. Per almeno tre motivi. L'ampiezza dell'argomento, innanzitutto. Di rifiuti ne produciamo tantissimi, sempre di più, ovunque, di mille tipi. Una trattazione enciclopedica completa

richiederebbe probabilmente un'opera in più volumi, mentre un saggio tradizionale correrebbe il rischio di focalizzarsi su un filone - non era questa la nostra intenzione - o, volendo rimanere onnicomprensivo, di non essere adeguatamente approfondito.
Il secondo motivo per cui questo libro si può leggere dall'inizio alla fine, ma anche saltando da una pagina all'altra, risiede nell'ambizione di fornire al lettore la possibilità di farsi un'idea completa sul tema degli scarti, e quindi di valutare le conseguenze di scelte e azioni individuali o collettive, senza cadere nella tentazione di proporgli un'idea o una morale già pronte e digerite. Perché fare divulgazione scientifica è soprattutto esercizio di condivisione di fatti, di dati e nozioni, non di opinioni. Condivisione mediata, che a volte può dover rinunciare al dettaglio o al tecnicismo, ma mai al rigore. In modo tale che poi, dai dati, le opinioni ciascuno se le possa costruire da solo, confrontandole e difendendole a ragion veduta. Ché forse poi anche due semplici numeri come sei e cinque possono raccontare molto su quanto ci sia ancora da fare per rendere il mondo un luogo più equo, se rappresentano il numero di persone che hanno accesso alla telefonia cellulare (sei miliardi, rispetto ai sette miliardi di persone che abitano il pianeta) e quello di quanti hanno accesso a toilette pulite e dignitose (cinque miliardi).
La terza ragione per la quale questo libro è fatto di tante storie diverse, che però sono collegate tra loro e si possono leggere come un unico saggio, è il desiderio di dimostrare che la scienza può essere accessibile a tutti e non solo non è necessariamente noiosa ma può persino essere divertente. Non sappiamo se ci siamo sempre riusciti, ma abbiamo provato a mantenere un rigoroso taglio scientifico, ponendo la massima attenzione sulle fonti, sulla verifica dei dati e sull'aderenza ai fatti. Al tempo stesso abbiamo scelto storie e notizie curiose e divertenti, a volte persino surreali, con la speranza di strappare un sorriso e, contemporaneamente, raccontare i principi della termodinamica o la fisica degli occhi blu. Dovendo poi parlare anche del rifiuto umano per eccellenza, quello che ci accompagna dal primo all'ultimo giorno di vita, non potevano non venirci in mente gli innocenti risolini di quando eravamo bambini e si diceva le prime volte la parola *cacca*. Questi tre motivi, e anche altri, ci hanno ispirato l'idea di un libro che potesse essere fruito sia con un approccio verticale, dall'inizio alla fine, sia con incursioni orizzontali lunghe magari il tempo di un paio di fermate in autobus o di un tramezzino. A chi si dedicherà a

una lettura sequenziale, i nostri capitoli suggeriranno un percorso che inizia con dei brevi contributi che introducono il tema da cinque punti di vista diversi: del matematico, del filosofo, dello storico del cibo, della linguista e dello storico della tecnologia. Un regalo che cinque grandi esperti hanno voluto farci. Il percorso si snoda poi nei primi due capitoli a partire da una riflessione sul fatto che di rifiuti ne produciamo tanti. Troppi. Ovunque. E che facendolo non solo sprechiamo ma inquiniamo, consumiamo risorse preziose, causiamo danni alla salute, perpetriamo disuguaglianze e ipotechiamo il presente e il futuro del nostro pianeta e della specie umana. Acquisita questa consapevolezza, nel capitolo tre scopriremo che i rifiuti non sono solo un problema ma anche una risorsa e possono produrre valore in molti modi diversi, a volte persino sorprendenti. Non a caso il capitolo inizia parlando di economia circolare. Parte del valore degli scarti sta anche infatti nel recupero di una frazione dell'energia che è servita a produrli, tema che affrontiamo nel quarto capitolo. Nel quinto ci occuperemo di come la tecnologia abbia parecchio a che fare con i rifiuti, perché contribuisce sia a produrli sia a trattarli correttamente. Le nostre scelte parlano di noi, a maggior ragione quando si tratta di rifiuti, tanto che le discariche di oggi saranno i siti archeologici di domani. Sarà l'argomento del sesto capitolo, mentre il settimo avrà a che fare con lo spreco alimentare e con una delle forme più primitive, e talvolta più appetitose, di riciclo: mangiare gli scarti. Nel capitolo 8 si parlerà di rifiuti ineliminabili, anzi connaturati con la stessa vita umana. Sì, proprio di quelli. Cerchiamo di vederli il meno possibile e di eliminarli rapidamente, ma sono essenziali per la vita e per la salute e il loro trattamento è motivo di gravi disuguaglianze. Nell'ultimo capitolo, per ricompensare il lettore che si sarà spinto fin laggiù, una carrellata di aneddoti e curiosità su come anche i rifiuti possano essere artistici o fare sorridere. Ai "lettori sequenziali" e ai "grandi saltatori", infine, l'avviso che questo libro è lungi dall'essere completo ed esaustivo. Il campo è sconfinato e siamo consapevoli di aver dovuto trascurare interi settori. Oltretutto le notizie, i dati, i risultati delle ultime ricerche, arrivano in continuazione. Giusto per fare un paio di esempi, proprio mentre stavamo chiudendo il libro sono usciti i dati di una rilevazione dell'agenzia statistica europea Eurostat che certificano come l'Italia sia il paese che, con una percentuale del 76,9 per cento, ricicla di più in Europa. Poi è arrivata la notizia che l'Istituto federale svizzero per le scienze e le tecnologie dell'acqua ha scoperto che nelle fogne elvetiche ogni anno vanno persi circa 43 chili d'oro - attribuiti alla presenza di impianti per la raffinazione del prezioso elemento - per un valore di circa un milione e mezzo di euro. E ci è finita sotto gli occhi anche la notizia (del maggio 2017) che i ricercatori dell'università di Lancaster, in Gran Bretagna, hanno ideato un nuovo metodo più efficiente per estrarre biocarburante dai fondi di caffè. I rifiuti e la ricerca si rinnovano ogni giorno e stare dietro all'attualità è impossibile. Speriamo però che questo libro possa stimolare curiosità e consapevolezza su un problema - quello dei rifiuti - tra i più urgenti da affrontare per lo sviluppo sostenibile del pianeta. Senza prese di posizione arbitrarie ma sempre a partire dai fatti. Perché, come diceva Leonardo da Vinci: «Molto son più antiche le cose che le lettere... a noi basta le testimonianze delle cose».

Piero Martin
Alessandra Viola

La matematica degli scarti

Claudio Bartocci

Uno dei luoghi comuni più tenaci sulla matematica è che in questa disciplina non si butti via nulla, ovvero che i risultati, una volta acquisiti, rimangano per sempre validi. Lo sviluppo della matematica viene concepito come la costruzione di un edificio, eretto progressivamente sebbene non in modo ordinato o pianificato. Una sorta di palazzo di Cnosso che si accresce per aggiunte successive, con le ali più antiche che non vengono mai demolite anche se con il tempo saranno progressivamente abbandonate. Malgrado sia così diffusa, questa è una visione distorta: non tiene conto del fatto che l'evoluzione del pensiero matematico è un processo non lineare e aleatorio, intrinsecamente policentrico e in gran parte caotico. Si tratta di un labirinto pluridimensionale, in cui abbondano i circuiti circolari, i vicoli ciechi, i percorsi multipli, i passaggi illusori. In accordo con questa concezione, lo scarto in matematica non è l'eccezione ma la regola: errori, congetture che non colgono nel segno, ipotesi fuorvianti, false piste. Non solo sono espunti risultati isolati, ma intere teorie sono abbandonate, interi paesaggi concettuali sono cancellati. Questi scarti, tuttavia, non sono inutili. Al contrario, rappresentano un elemento essenziale per il processo di invenzione, come in ogni attività di libera creazione del pensiero. Pensiamo, per esempio, alla cristallizzazione di un testo letterario: le cancellature sono altrettanto importanti delle correzioni e le aggiunte, i ripensamenti non meno fondamentali delle *mots justes*. Anche in matematica, infine, non è inusuale che gli scarti possano essere "riclicati", come accade per i rifiuti: l'idea gettata nel dimenticatoio diventa una gemma preziosa in una nuova teoria.

Claudio Bartocci insegna Fisica matematica all'Università degli Studi di Genova. Tra i suoi libri *Numeri. Tutto quello che conta da zero a infinito.*

Il rifiuto dell'immondo

Andrea Tagliapietra

In natura, si potrebbe dire, non ci sono rifiuti. Almeno sul medio e lungo periodo, tutto ritorna nel ciclo naturale della vita e dei processi chimici e fisiologici che la costituiscono. Il concetto di *rifiuto* è, quindi, intimamente connesso con la prospettiva utilitaristica dell'uomo e delle forme di civilizzazione che, nel corso della storia, la società umana assume. Allora, si potrebbe certo dire, con Jean-Jacques Rousseau, che il rifiuto, assieme all'ipocrisia e alla menzogna, è uno dei doni perversi della civiltà, che ci allontana dalla spontaneità e dalla felicità dello stato di natura. Del resto è un fatto: più gli uomini si inciviliscono, ovvero più le società umane divengono complesse e articolate, più producono rifiuti: i pastori nomadi meno delle civiltà contadine, queste ultime assai meno di quelle industriali. Ci sono gli scarti e le scorie di lavorazione che crescono con il passaggio dall'artigianato all'industria. Ci sono gli oggetti rotti o desueti, che la società dei consumi produce ideologicamente, mediante il sistema della moda, e tecnologicamente, concependo l'obsolescenza programmata dei prodotti. Ci sono, infine, gli sprechi che finiscono in rifiuti - si pensi agli sprechi alimentari -, connessi con la nostra concezione del benessere come abbondanza e disponibilità potenzialmente illimitate.
Sprechi, scarti e rifiuti diventano "immondizia", una parola in cui etimologicamente (*im-mundus*) leggiamo la negazione del "mondo" ovvero di quello che è l'orizzonte, che ci auguriamo ordinato e pulito, della nostra

esistenza. Il termine "rifiuto" ha il merito di isolare ed evidenziare la determinazione funzionale che ne descrive il trattamento, ovvero i procedimenti materiali e simbolici di espulsione, rimozione, eliminazione e confino che purtroppo, spesso, si trasferiscono dalle cose inanimate agli esseri viventi e alle persone.
Non è un caso, forse, che uno dei più importanti filosofi del Novecento, il tedesco Martin Heidegger, per descrivere la condizione dell'uomo nel mondo, abbia coniato la parola *Geworfenheit*, che significa "esser gettato". La condizione dell'"esser gettato" - cioè, in altri termini, lo statuto ontologico del rifiuto - costituisce, per Heidegger, la cifra di partenza della condizione umana, da cui ciascuno può riscattarsi solo se è in grado di dare alla propria vita la forma di un *pro-getto*. Ma l'"esser gettato" è anche la condizione quotidiana di quelle moltitudini di esseri umani che vengono marginalizzati dalla società del benessere e segregati in quelle "discariche sociali" che sono periferie urbane, i ghetti, gli *slums* e le *favelas*.
L'orizzonte concentrazionario nel trattamento degli esclusi si ripropone continuamente e oggi ricompare, malgrado tutto, nei campi profughi e nei cosiddetti "centri d'accoglienza" riservati ai migranti.
Dietro l'igienica e burocratica definizione di "rifiuti solidi urbani" si cela, dunque, un'inquietante rete di analogie con la storia degli uomini. Non è affatto una coincidenza, quindi, che i due più tradizionali metodi di smaltimento dei rifiuti, il confinamento nelle discariche e la cremazione negli inceneritori, evochino le terribili vicende storiche che hanno duramente segnato il destino del genere umano durante il corso del ventesimo secolo: il ghetto di Varsavia e i forni di Auschwitz.
Non so se una società umana ecologicamente corretta, insomma a "rifiuti zero", sarà mai possibile, ma sarebbe già un grosso risultato che gli uomini imparassero a considerare se stessi e, un po' alla volta, anche gli altri esseri viventi "sempre come fini e mai come mezzi". È la definizione fornita da Kant dell'imperativo categorico della morale e, a ben pensarci, dal momento che i rifiuti sono sempre dei mezzi diventati inutili e quindi espulsi, si tratta dell'unico presidio possibile che impedisca a qualsivoglia essere di diventare, prima o poi, un rifiuto.

Andrea Tagliapietra insegna Storia della filosofia all'Università Vita-Salute San Raffaele, è codirettore della rivista internazionale di filosofia "Giornale critico di storia delle idee". Tra i suoi libri: *Esperienza. Filosofia e storia di un'idea*.

Avanzi in cucina

Alessandro Marzo Magno

In cucina, fino a pochi decenni fa, quelli che oggi per noi sono rifiuti erano semplicemente considerati avanzi: porzioni di cibo non consumato che diventavano ingredienti per nuove ricette. I rifiuti alimentari sono un prodotto dell'industrializzazione, che ha reso disponibile molto più cibo a un prezzo sempre più basso: prima di allora non esistevano.

Nelle case degli italiani e degli abitanti di gran parte del pianeta c'era talmente poco da mangiare che ci si guardava bene dal gettare via il cibo, che al contrario veniva riciclato in tutti i modi possibili.

La cucina popolare, proprio per questo motivo, è ricchissima di piatti da cucinare con gli avanzi e nei secoli l'utilizzo di questi scarti di cibo è assurto a vera e propria arte. Il modo più noto di consumarli era quello di preparare polpette e polpettoni, ma nei ricettari dei nostri avi c'erano anche dolci, risotti e persino sistemi per conservare a lungo il pesce, basati sull'idea di fondo che nulla dovesse andare sprecato.

Partiamo dai dolci. Per secoli lo zucchero è stato talmente caro da essere praticamente sconosciuto nella cucina popolare e riservato agli aristocratici. Il principale dessert, con molte varianti regionali, era a base di pane raffermo dolcificato con la frutta secca: due avanzi in un colpo solo! Con il pesce avanzato si preparavano invece i vari carpioni, presenti in tutto il bacino del Mediterraneo. Si tratta di pesce fritto conservato con aceto: cipolle e aceto nelle ricette del *saor* o *savor* e dello *scabeccio* ligure o *scabecciu* sardo; pane ammollato nell'aceto nel caso dello *scapece* pugliese. Anche il risotto veneto deriva dagli avanzi: mentre quello milanese è molto ricco, con midollo e zafferano, e quello piemontese è preparato con fagioli e salsiccia, in veneto il risotto si faceva semplicemente aggiungendo del riso a quello che era avanzato: pesce, carne, verdure... si faceva il risotto con qualsiasi cosa. Oggi capita a volte di sentir parlare di cucina degli avanzi e qualcuno cerca di imporla come moda, ma i numeri ci dicono che continuiamo a buttare via enormi quantità di cibo, sia nella grande distribuzione sia in casa. Il cibo costa troppo poco, ne compriamo troppo, ne consumiamo più di quanto ce ne occorra e infatti siamo mediamente sovrappeso. Un cortocircuito del benessere.

Alessandro Marzo Magno è giornalista e divulgatore storico. Tra i suoi libri: *Il genio del gusto. Come il mangiare italiano ha conquistato il mondo.*

Anche l'italiano ha i suoi rifiuti

Roberta Cella

La parola *rifiuto* è recentissima e al tempo stesso antica. Esiste dall'inizio del Trecento, ma allora non si riferiva alla spazzatura e designava solo l'atto del rifiutare. Solo nella seconda metà del Seicento la parola assume anche il significato di "cosa di nessun valore", per esempio nell'espressione "merce di rifiuto", ma stenta ad affermarsi: ancora alla metà del Settecento, parlando di beni di consumo cinesi, Francesco Algarotti scrive: «la più parte rifiuti, o quasi immondizie», che dimostra come allora *rifiuto* indicasse "cose da scartare e di poco valore", ma non fosse ancora sinonimo di *immondizia*. Perché la parola inizi a indicare propriamente "ciò che si butta via", bisogna aspettare il primo Novecento. Nel corso del secolo il significato si consolida e diffonde, fino a divenire denominazione specifica: il DPR 915/1982 parla proprio di «Classificazione rifiuti», e li distingue in urbani, speciali, tossici e nocivi; dalla legislazione nazionale, *rifiuto* si diffonde rapidamente nella lingua delle amministrazioni locali (chi non ha avuto qualche problema a smaltire i *rifiuti solidi urbani* o i *rifiuti ingombranti*?). Nel complesso della nostra storia linguistica, *rifiuto* nel senso di "ciò di cui ci si vuole disfare" è quindi una parola non solo recente ma anche un po' artificiale, propria dell'uso burocratico-amministrativo più che di quello comune. Le parole nell'uso vivo dell'italiano rimangono ancora oggi altre due: *immondizia* e *spazzatura*. Sono entrambe di origine toscana e trecentesca (*immondizia* si trova in Boccaccio), due caratteristiche che le hanno promosse, nel Cinquecento, a parole a tutti gli effetti italiane e nel 1612 gli hanno consentito di entrare nel *Vocabolario degli Accademici della Crusca*, con minime differenze di significato (*immondizia* è la "sporcizia" in genere e *spazzatura* è propriamente "ciò che si toglie spazzando") ma senza distinguere tra gli scarti alimentari e, come si dice oggi, il residuo secco. Un'ultima curiosità: come spesso accade nella storia della lingua, la variante *spazzatura* che è poi prevalsa non era l'unica in uso. Nel Trecento si diceva infatti anche *spazzatume*, che però ha vissuto un po' e poi è stata messa da parte. Perché anche la lingua... produce i suoi rifiuti!

E tu cosa butti?

"Esco un attimo a buttare il... cioè la... anzi, le...".
Da voi come si chiama la spazzatura prodotta in casa? A seconda del luogo in cui viviamo, l'immondizia assume un nome differente. Sono

i cosiddetti geosinonimi: parole diverse che in luoghi differenti designano uno stesso oggetto. Provate a cercare il vostro!
Un ligure, quando è il momento, va a buttare la *rumenta*, mentre a Pavia, Parma o Piacenza buttano il *rudo* e da Modena a Ferrara il *rusco*. In Veneto si liberano invece delle *squasse* o *scoasse* e a Trieste delle *scovazze*, una parola che è equivalente a spazzatura perché definisce propriamente "ciò che si ammassa con la scopa". A Massa e Carrara gettano il *lozzo*, nell'Appennino toscoemiliano il *pattume* e nel resto della Toscana il *sudicio*. Ad Alghero invece la *rogna*. In area romana e centro meridionale ci si disfa (a volte con fatica) della *monnezza*, con diverse varianti locali che arrivano fino al siciliano *munnizza*. Alcune aree, linguisticamente, fanno un po' storia a sé: a Bari per esempio si getta la *rimata*, mentre in Cilento la *iotta*, parola con cui in passato si designavano gli avanzi di cibo che si davano agli animali.
È interessante osservare che queste parole sono adattamenti italiani di altrettante parole dialettali. Parole "italianizzate", che naturalmente in dialetto si pronunciano in modo diverso (*rusco* è per esempio *rusc*), ma che proprio all'origine dialettale devono la loro vitalità e forza. Sono le parole della nostra quotidianità domestica e famigliare, spesso dell'infanzia, che quindi si caricano anche di valori affettivi (se così si può dire parlando di rifiuti): sono diverse da regione a regione, spesso da paese a paese. Nonostante siano tutte diverse, ci uniscono come italiani proprio per il fatto che ognuno ha la propria.
Non hai trovato la parola che usi? Controlla bene: potrebbe esserci solo una piccola differenza di pronuncia. La lingua è viva e le varianti locali sono veramente tantissime!

Roberta Cella insegna Linguistica italiana e Storia della lingua italiana all'Università di Pisa. Tra i suoi libri, *Storia dell'italiano*.

Ontologia degli scarti: critica della ragione tecnologica

Vittorio Marchis

La produzione di beni, sin dalle origini della specie umana, già nelle fasi primordiali della *técnica del azar*, come José Ortega y Gasset definì l'epoca della società nomade e cacciatrice, è stata da sempre accompagnata dalla produzione di scarti. Scarti e resti si ritrovano nelle grotte preistoriche, di scarti e di cocci è costituito a Roma il

"colle" del Testaccio, di resti di terrecotte è costipato il suolo delle isole di Venezia, per arrivare alle montagne di rifiuti solidi che oggi mettono in crisi le giunte delle metropoli. Se la legge di Moore afferma che «la complessità di un microcircuito, valutata in termini di giunzioni attive all'interno di un chip, raddoppia ogni 18 mesi» analogamente si potrebbe postulare che la quantità di rifiuti prodotti da un individuo all'interno di una società industrializzata raddoppia ogni anno e mezzo. Come tutte le affermazioni del genere si potrebbero portare sul tavolo eccellenti controesempi, ma resta il fatto che la produzione dei beni di massa, che escono dall'industria più avanzata sempre più dominata dalle ICT e regolata dal paradigma della moda, che è alla base della filosofia dei consumi, vede crescere la produzione degli scarti in un vortice di inutili obsolescenze.
A questo punto si vorrebbe citare *La poubelle agrée* di Italo Calvino, dove la pattumiera assume un ruolo culturalmente centrale in una società che ogni giorno insegue invano le più strane logiche per una gestione oculata dei rifiuti e del loro riuso. Ma ancora manca un'etica del pattume e ne sia la prova che se nel *Capitale* di Karl Marx essi sono completamente assenti bisogna invece rivolgersi alla letteratura da Paul Auster a Don DeLillo per trovare nuovi spunti di provocatorie meditazioni. Come afferma Gianluca Cuozzo nel suo saggio *Filosofia delle cose ultime*, quando cita la frase di Zygmunt Bauman: «I raccoglitori di immondizie sono gli eroi non celebrati della modernità» abbiamo bisogno di una «teologia per i rifiuti». Altrimenti ci estingueremo.

Vittorio Marchis insegna Storia della tecnologia e Storia delle cose al Politecnico di Torino. Autore di innumerevoli saggi – tra i quali *150 (anni di) invenzioni italiane* –, è noto per le sue autopsie di macchine, lezioni spettacolo in cui la tecnologia si intriga con la fantasia.

1

I rifiuti

sono tanti

Re Mida riusciva a trasformare tutto quello che toccava in oro. Noi, più modestamente, trasformiamo gran parte di ciò che usiamo in rifiuti. Ne produciamo tanti. Troppi. E facendolo, non solo sprechiamo ma inquiniamo e consumiamo risorse preziose. Dall'Everest alle fosse oceaniche, dalle profondità della terra alla Luna, ovunque siamo arrivati facciamo ormai i conti con la loro presenza. A volte anche in modi... insoliti.

Quali sono e dove vanno?

I rifiuti che produciamo sono tanti, molto diversi tra loro e vanno a finire in luoghi a volte impensabili (persino sulla Luna!).
Provate a collegare ogni tipologia di rifiuto con la sua destinazione. Cambierete idea dopo aver letto questo libro?

Luna **Atmosfera** **Mari** **Sotto terra** **Montagna** **Spazio** **Smaltimento** **Discarica**

Se non avete trovato la soluzione non vi preoccupate, girate la pagina per scoprire tutto quello che c'è da sapere sui rifiuti

Troppi rifiuti sull'Everest

Il picco più alto del mondo, il monte Everest, detiene molti record, uno dei quali poco invidiabile: è la montagna più inquinata del pianeta. L'allarme è stato lanciato recentemente dall'associazione alpinistica nepalese Nepal Mountaineering Association: la montagna, sacra ai tibetani e ai nepalesi (che la chiamano anche Sagaramāthā, in Sanscrito "dio del cielo"), rischia il tracollo ecologico. La colpa è dei rifiuti abbandonati dagli alpinisti durante le loro scalate. La portata del problema si misura facilmente se si pensa che per raggiungere gli 8848 metri della vetta occorrono circa due mesi, compresi i periodi di acclimatamento che si devono

trascorrere nei quattro campi situati tra i 5300 metri e la vetta, per abituarsi all'altitudine. E che, dal campo base in su, sull'Everest non ci sono cestini né tantomeno gabinetti.
Per iniziare a mettere mano alla questione, il governo nepalese ha da poco imposto nuove regole di "bilancio pari" per i rifiuti: ogni scalatore che parte per l'ascesa alla vetta deve riportare al campo base almeno otto chili di rifiuti, che si stima corrispondano a quanto l'alpinista disperde lungo il tragitto. Tra i rifiuti abbandonati sulla montagna c'è un po' di tutto: corde, ganci e picchetti, naturalmente, ma anche scatolette, involucri di plastica delle razioni di cibo, bombole di ossigeno. A partire dal 1953, quando la vetta fu raggiunta per la prima volta dal neozelandese Edmund Hillary e dallo sherpa Tenzing Norgay, l'Everest è stato scalato oltre 7000 volte da circa 4500 alpinisti diversi e oggi è una specie di discarica da circa 12 tonnellate (stimate) di rifiuti. E il problema più grave non è neppure questo. In mancanza di gabinetti, gli scalatori per le loro necessità fisiche in genere scavano semplicemente un buco nella neve, che ricoprono dopo l'uso. Ogni anno oltre 700 scalatori e guide adottano questo sistema e, nel tempo, hanno depositato sull'Everest enormi quantitativi di feci e urine. Ma

Nella scalata all'Everest si producono in media otto chili di rifiuti a persona. Oggi è obbligatorio riportarli indietro

Se il ghiaccio e la neve presenti sull'Everest cominciassero a sciogliersi, scopriremmo di essere riusciti a inquinare anche una delle vette più alte del mondo

cosa accadrebbe se il ghiaccio e la neve dovessero sciogliersi? A causa dei cambiamenti climatici alle quote più basse sta in realtà già succedendo, e il problema sanitario si preannuncia enorme, senza contare che da qualche parte sulla montagna giacciono anche i corpi degli oltre 200 alpinisti periti tentando la scalata, insieme a tutto il loro equipaggiamento. Secondo una ricerca apparsa su "The Cryosphere", giornale dell'Unione Europea di geoscienze, entro la fine del secolo tra il 70 e il 99 per cento dei ghiacciai sotto i 5500 metri potrebbe scomparire, creando un'emergenza sanitaria e idrica senza precedenti. Dalle acque dell'Everest, che alimentano anche diversi impianti idroelettrici, dipende l'agricoltura di intere regioni del pianeta. Secondo una ricerca guidata dal nepalese Sudeep Thakuri, dottorando presso l'Università di Milano, e condotta in collaborazione con il CNR, i ghiacciai del "dio dei cieli" si sono ridotti del 13 per cento in 50 anni e il limite delle nevicate (ovvero l'altitudine in corrispondenza della quale le precipitazioni cadono sotto forma di neve) è risalito, ritirandosi di ben 180 metri. Chissà cose ne penserebbe Sir George Everest, responsabile dei geografi britannici in India per molti anni nella metà dell'Ottocento, il cui cognome fu scelto nel 1865 dall'inglese Andrew Waugh, governatore generale dell'India, per designare in modo univoco la montagna, che ancora oggi ha un nome differente in ognuno dei paesi su cui poggia e che in tibetano è ancora oggi chiamata Chomolungma, "madre dell'universo".

Palline da golf sulla Luna

Due palline da golf, dodici paia di scarponi usati, cinque bandiere, una targa d'acciaio, fotografie, oggetti d'arte e una montagna di rottami metallici ed elettronici. La lista dei rifiuti abbandonati dall'uomo sulla Luna dal 13 settembre 1959 - data nella quale il satellite artificiale sovietico Lunik 2 per primo allunò - a oggi è

L'uomo ha lasciato sulla Luna **187.000 kg** di rifiuti

Ebbene sì, siamo riusciti a inquinare anche oltre i confini terrestri. I nostri rifiuti sono persino sulla Luna

Gli astronauti, dal primo sbarco sulla Luna, si sono portati a casa **380 chili** di rocce lunari

lunghissima e comprende oggetti anche piuttosto insoliti, tra cui una piuma di falco, vari martelli, pale e rastrelli, macchine fotografiche e telecamere ancora perfettamente funzionanti, zainetti, una medaglia, una spilletta d'argento e una statuetta di alluminio dedicata agli astronauti caduti nella corsa allo spazio. Alcuni, come la piuma di falco e un martello, furono usati dagli astronauti per eseguire semplici esperimenti: lasciandoli cadere insieme, nel 1971 l'astronauta americano David Scott, della missione Apollo 15, dimostrò che in assenza di resistenza dell'aria due oggetti cadono con la stessa velocità e nello stesso tempo indipendentemente dalla loro massa, come Galileo aveva già teorizzato. Altri sono stati lasciati intenzionalmente sulla Luna in ricordo delle missioni di esplorazione, e oggi costituiscono una sorta di "museo lunare".
È il caso del disco di silicone portato dalla missione Apollo 11 che conteneva i messaggi di 73 leader mondiali o come la placca depositata da Buzz Aldrin e Neil Armstrong su cui è scritto: «We came in peace for all mankind» ("siamo venuti in pace per tutta l'umanità"). Per farsi un'idea, i soli Aldrin e Armstrong depositarono oltre cento oggetti nei dintorni di Tranquillity Base, il punto di allunaggio della loro missione. Sulla Luna si trovano anche i resti di circa settanta veicoli spaziali e vari oggetti metallici ed elettronici tra cui rover, pezzi di moduli e sonde schiantatesi sulla superficie. Poi ci sono i rifiuti veri e propri. Kit per l'igiene personale, 96 sacchetti per raccogliere feci, urina e vomito, zainetti, fazzoletti, confezioni vuote di cibo. Oggetti buttati per necessità, perché nel viaggio di ritorno verso la Terra il carburante era scarso e sia il modulo lunare sia la navicella spaziale dovevano essere leggeri per poter ripartire. In totale, secondo le stime, l'uomo ha lasciato sulla superficie lunare circa 187.400 chili di rifiuti, riportando sulla Terra 380 chili di rocce lunari. Oltre a quelle del primo scarpone che impresse la sua impronta nella polvere lunare ormai mezzo secolo fa, abbiamo insomma lasciato

sulla Luna abbondanti tracce del passaggio dell'uomo, alcune lusinghiere e altre meno. Ripulire il nostro satellite non è certo in cima alle priorità delle missioni di esplorazione spaziale, eppure anche la NASA sta pensando di riciclare i rifiuti che abbiamo lasciato lì. Il progetto si chiama Vortex (Vortical Oxidative Reactor Technology Experiment) e prevede la costruzione di uno strumento in grado di produrre fertilizzante direttamente nello spazio, bruciando una parte dei rifiuti che vi abbiamo abbandonato. Alcuni esperimenti hanno già provato che sul suolo lunare, in apposite serre, è possibile coltivare piante. L'inceneritore, in grado di lavorare anche a gravità diverse da quelle terrestri, potrebbe bruciare i rifiuti abbandonati dagli astronauti e produrre ceneri fertilizzanti per queste nuove piantagioni spaziali, oltre che calore, acqua e anidride carbonica che potrebbero a loro volta essere usate dalle piante. Un simile dispositivo, quando sarà realizzato, potrà servire anche per bruciare i rifiuti direttamente sulle navicelle spaziali e aprirà nuove possibilità per i viaggi a lunga distanza e per l'esplorazione di Marte.

Bianchi ghiacci... (in)contaminati

Quando pensiamo al polo nord, immaginiamo in genere sconfinate distese di bianco ghiaccio incontaminato. Purtroppo però il circolo polare artico è oggi tutt'altro che incontaminato: secondo i ricercatori del Norwegian Polar Institute di Tromsø, nell'Artico si registra un'alta presenza di inquinanti, dal DDT al DDE, dai policlorobifenili alla plastica. Sulla carta i policlorobifenili e il DDT (diclorodifeniltricloroetano, un potente insetticida inventato nel 1873 e usato massicciamente per tutta la prima metà del Novecento contro la zanzara anofele che diffonde la malaria, poi vietato per i suoi effetti tossici in Europa e negli Stati Uniti ma ancora in uso soprattutto in alcune nazioni africane) sono di gran lunga i composti più tossici, eppure il pericolo maggiore per

il delicatissimo ecosistema artico è rappresentato da qualcosa di apparentemente più innocuo: la plastica. Gli inquinanti arrivano trasportati dalle correnti e poi si depositano sulle coste o rimangono nell'acqua legandosi al plancton, alla plastica o restando in sospensione. Così anche i materiali plastici, che però con l'esposizione alla luce del sole e con gli urti subiti nel tempo si rompono trasformandosi in micro e nanoplastiche. Pezzettini di plastica microscopici che vengono scambiati per plancton e ingeriti per errore dagli animali marini, entrando rapidamente nella catena alimentare quando questi vengono a loro volta mangiati da animali di taglia più grande, come gli orsi o l'uomo. Per sopportare le rigide temperature invernali, gli animali che abitano ai poli dispongono di buone scorte di grasso che li isolano dall'esterno e che vengono utilizzate come scorta di cibo nei periodi di magra. È lì che i contaminanti si depositano, accumulandosi. Fino a che l'animale rimane ben nutrito e in salute, il grasso fa in qualche modo da filtro con l'organismo, tenendo intrappolati gli agenti inquinanti; ma se l'animale per qualsiasi motivo inizia a essere sottoalimentato, e quindi a bruciare le proprie riserve di grasso, gli agenti entrano in circolazione, attaccando in breve tempo gli organi interni. E se mangiamo anche noi animali che hanno sostenuto una dieta simile, ci ritroviamo nel piatto tutti gli inquinanti che hanno assimilato nel tempo.

La plastica è arrivata nell'Artico, contaminando l'ambiente, gli animali che la mangiano e l'uomo che di essi si ciba

Effetto serra: una questione scottante

«Uno su mille ce la fa», racconta una canzone di Gianni Morandi. Nel caso dell'anidride carbonica, al secolo nota come CO_2, ne basta anche di meno per farcela... Ma a fare cosa? La concentrazione di molecole di ossido di carbonio nell'atmosfera terrestre è circa quattro su diecimila: un numero piccolo, più o meno dello stesso ordine di grandezza della probabilità di un terno secco al lotto. Eppure, questa minima concentrazione di CO_2 è tra i principali responsabili di quel delicatissimo meccanismo chiamato effetto serra, che finora ha garantito che la Terra non fosse una gelida sfera raminga nell'universo ma la culla di innumerevoli forme di vita. Ora però, a causa dell'uomo proprio la CO_2 minaccia di distruggere le forme di vita che finora ha protetto. La temperatura media della superficie del nostro pianeta è di 14°C e viene mantenuta a questo livello dalla radiazione elettromagnetica proveniente dal Sole, che in parte viene assorbita (i due terzi) e in parte viene invece riflessa (un terzo). La porzione di radiazione che viene assorbita, per la maggior parte dalla superficie terrestre (circa il 50 per cento del totale) e per una parte minore (circa il 20 per cento) dalle nuvole e dall'atmosfera, viene poi a sua volta riemessa, ma a frequenze diverse rispetto a quelle che componevano la radiazione originariamente proveniente dal Sole, e principalmente sotto forma di raggi infrarossi. E qui sta il punto, perché l'infrarosso è assorbito dai cosiddetti gas serra e irradiato nuovamente verso la Terra, con un effetto di riscaldamento amplificato, l'effetto serra appunto. I gas serra sono in netta minoranza nella composizione dell'atmosfera: l'azoto e l'ossigeno, che costituiscono rispettivamente il 78 e il 21 per cento dell'atmosfera, esercitano infatti un effetto serra trascurabile. I maggiori responsabili dell'effetto serra, invece, sono l'1 per cento circa di vapore acqueo presente in media nell'atmosfera e l'anidride carbonica e il metano, che sono presenti in percentuali minime (400 parti per milione la CO_2, ancora meno il metano).

L'effetto serra che ci ha permesso di sopravvivere sulla Terra, oggi ci si sta ritorcendo contro

Malgrado la bassa concentrazione, la CO_2 ha un effetto cruciale, perché agisce da regolatore: una sua variazione, infatti, causa un cambiamento di temperatura dell'atmosfera che, a sua volta, modifica il contenuto di vapore acqueo che ha un impatto molto più potente sull'effetto serra. È un equilibrio delicato, e piccole variazioni degli attori possono causare effetti notevoli. Per questo la CO_2 è uno dei "rifiuti" più pericolosi che l'umanità sta producendo a partire dalla rivoluzione industriale.
I processi che alterano l'equilibrio naturale e sono responsabili della continua crescita delle emissioni di gas serra e del conseguente riscaldamento

La Terra non è una serra

Anche se è sicuramente entrata nella hit-parade delle metafore scientifiche, quella che definisce l'effetto serra come "il processo che regola la temperatura del nostro pianeta in presenza del riscaldamento solare" non è del tutto precisa. Se n'è iniziato a parlare nel 1824, quando lo scienziato francese Jean Baptiste Joseph Fourier (1768-1830) spiegò matematicamente che, considerando il bilancio tra la radiazione incidente sulla Terra e quella riemessa (come fanno tutti i corpi a una certa temperatura), il nostro pianeta sarebbe stato molto ma molto più freddo se non fosse stato circondato da un'atmosfera. Per spiegarsi utilizzò appunto l'analogia con il riscaldamento dell'aria all'interno di una scatola di legno che abbia una delle facce di vetro e sia esposta al Sole, come una serra. Similmente a quanto avviene nelle serre, l'aria si riscalda perché la superficie di vetro evita che scappi dalla scatola. Oggi sappiamo che il ruolo dell'atmosfera è ben più complesso, ma ormai la metafora si è radicata.

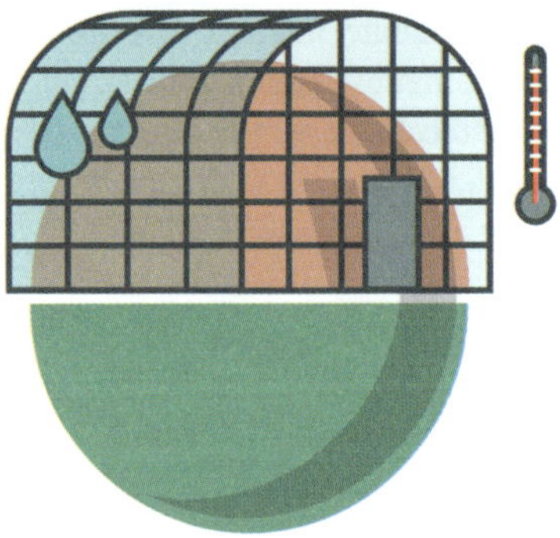

La CO_2 è uno dei rifiuti più pericolosi che produciamo, perché sta modificando in maniera drammatica il nostro ambiente

globale sono molteplici: l'uso intensivo di combustibili fossili per la produzione di energia elettrica, per i trasporti, come sorgente energetica nell'industria e per il riscaldamento domestico, le discariche, l'agricoltura e l'allevamento intensivo, la deforestazione. Oggi, la concentrazione di CO_2 nell'atmosfera ha raggiunto i livelli più elevati degli ultimi 800.000 anni: oltre 400 parti per milione. «Uno su mille ce la fa», cantava Morandi… ma quattro su diecimila stanno invece modificando in maniera drammatica l'ambiente in cui viviamo.

Nel blu degli occhi tuoi blu

«Volare oh, oh. Cantare oh, oh, oh. Nel blu degli occhi tuoi blu. Felice di stare quaggiù». In una delle più famose canzoni italiane di sempre gli occhi blu venivano celebrati in modo speciale. Gli occhi di questo colore, poco da fare, esercitano un fascino speciale. Il motivo per il quale appaiono blu è descritto dall'effetto Tyndall, un

!

L'iride dell'occhio è composta da **3 strati**: endotelio, stroma ed epitelio

L'effetto Tyndall ci ha raccontato cosa si nasconde dietro agli occhi azzurri. Ma cosa ha a che fare questo con i rifiuti?

processo che prende il nome da John Tyndall, il poliedrico fisico irlandese (1820-1893) che per primo lo studiò. L'iride - la parte colorata dell'occhio - è infatti composta da tre strati: partendo dall'interno l'epitelio, lo stroma e l'endotelio. Lo stroma è composto da tessuto connettivo e può contenere un pigmento scuro, la melatonina. Quando la luce entra nell'occhio viene diffusa nello stroma. L'effetto Tyndall prevede che la componente blu della luce venga diffusa con maggiore intensità rispetto alle componenti ad energia più bassa, come quelle sul rosso. Se c'è melatonina, essa assorbirà in parte la luce e l'occhio apparirà scuro. Se invece la melatonina è assente - il caso delle persone con gli occhi celesti - la luce diffusa verso l'esterno delle particelle che compongono lo stroma, che è quella che dona il colore agli occhi, sarà proprio quella blu, come previsto da Tyndall. Ma cosa c'entra coi rifiuti? C'entra proprio grazie a Tyndall, che oltre ad essere uno scienziato fu anche un alpinista - fece parte della prima cordata che raggiunse la vetta del Weisshorn nel 1861. Grazie a questa sua passione, si interessò alla questione delle glaciazioni e del perché i ghiacciai che qualche decina di migliaia di anni prima ricoprivano il nord Europa fossero scomparsi. Nel corso di questi suoi studi, nel 1859 Tyndall dimostrò sperimentalmente che alcuni gas presenti in atmosfera, come il vapore acqueo e l'ossido di carbonio, potevano intrappolare parte del calore emesso dalla Terra, ponendo quindi le basi per la moderna spiegazione dell'effetto serra.

Effetto Tyndall
Il percorso della luce attraverso l'iride

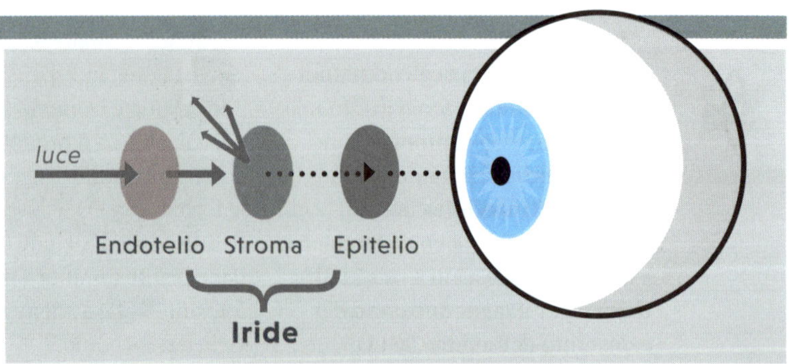

I principali gas serra

Anidride carbonica (CO_2). La sua molecola è composta da un atomo di carbonio e due di ossigeno. Viene immessa nell'atmosfera bruciando combustibili fossili (carbone, petrolio, gas naturale), rifiuti solidi e legna, e durante alcune produzioni chimiche. Nella produzione del cemento, per esempio, la CO_2 è sia risultato della reazione di calcinazione, indispensabile per produrre cemento a partire dal calcare, sia il prodotto dei combustibili utilizzati per riscaldare le fornaci. La CO_2 è invece rimossa dall'atmosfera quando è assorbita dalle piante durante il processo di fotosintesi che avviene nel naturale ciclo del carbonio.

Metano (CH_4). Composto di carbonio e idrogeno, il metano è prodotto durante l'estrazione del carbone, in agricoltura (ad esempio nelle risaie o nei processi digestivi degli animali, dai quali è emesso sotto forma di flatulenze), nelle discariche di rifiuti urbani e durante la produzione e il trasporto di combustibili fossili. Pur se presente nell'atmosfera in concentrazioni assai minori della CO_2, il metano è molto efficiente come gas serra, circa 30 volte di più dell'anidride carbonica, ed è quindi attore molto importante del riscaldamento globale.

GWP

Per ogni gas serra è stato calcolato il Global Warming Potential ("potenziale di riscaldamento globale"). Il GWP misura l'impatto di un dato gas serra sul riscaldamento globale. I valori sono calcolati relativamente a uno specifico intervallo temporale. Tipicamente 20, 100 o 500 anni. Per fare un esempio, posto a 1 il GWP a 100 anni della CO_2, quello del metano è circa 30, dell'ossido di azoto 298, mentre quello di un gas come il triclorofluormetano, meglio noto come CFC-11, è di 4750.

USA 2015
Esempio della ripartizione delle emissioni a effetto serra

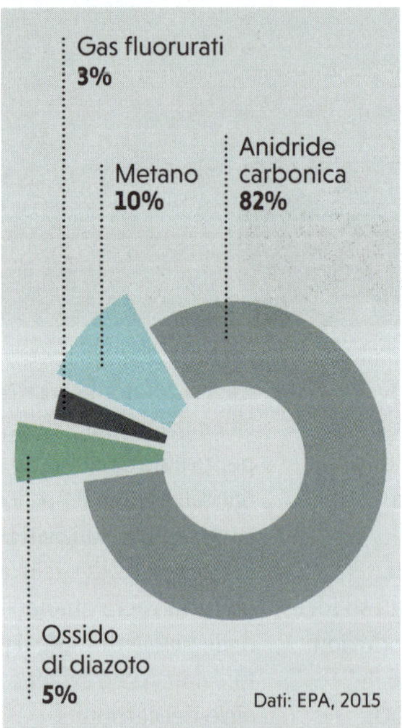

Ossido di diazoto (N_2O). È prodotto da attività agricole ad esempio dall'uso di fertilizzanti a base di azoto e dal letame, oltre che da attività industriali che fanno uso di combustibili fossili.

I gas fluorurati, come gli idrofluorocarburi, i perfluorocarburi, l'esafluoruro di zolfo, sono potenti gas serra emessi durante svariati processi. Forse tra le più note applicazioni degli idrofluorocarburi vi è quella come fluido refrigerante nei condizionatori e nei frigoriferi.

La chimica della combustione

La combustione è un processo chimico rapido di ossidazione, durante il quale una sostanza, il combustibile, reagisce con un agente ossidante detto comburente. Nella combustione, energia chimica viene trasformata in energia termica, con rilascio di calore associato alla fiamma, e spesso anche di radiazione elettromagnetica (luce). L'ossidazione, termine in origine utilizzato per indicare la reazione di una sostanza con l'ossigeno, è più precisamente un processo nel quale la sostanza ossidata perde elettroni a favore della sostanza ossidante. Un esempio pratico è la respirazione. Con la respirazione l'ossigeno dell'aria viene introdotto nel corpo, dove è soggetto a reazioni chimiche che producono energia, oltre ad acqua e anidride carbonica, espulsa durante l'espirazione. Nel caso della combustione, l'agente ossidante è tipicamente l'ossigeno, mentre i combustibili possono essere gassosi, liquidi o solidi e di origine naturale, oppure prodotti artificialmente. Quando il combustibile è di origine fossile, o biologica come ad esempio il legno, esso contiene carbonio e quindi, nella combustione, sviluppa anidride carbonica (CO_2). Un classico esempio è la combustione del metano (CH_4): $CH_4+2O_2 > 2H_2O + CO_2$. Quando la combustione avviene in difetto di ossigeno si sviluppa anche il pericolosissimo e velenoso ossido di carbonio (CO).

La combustione trasforma l'energia da chimica a termica

Formula della combustione del metano

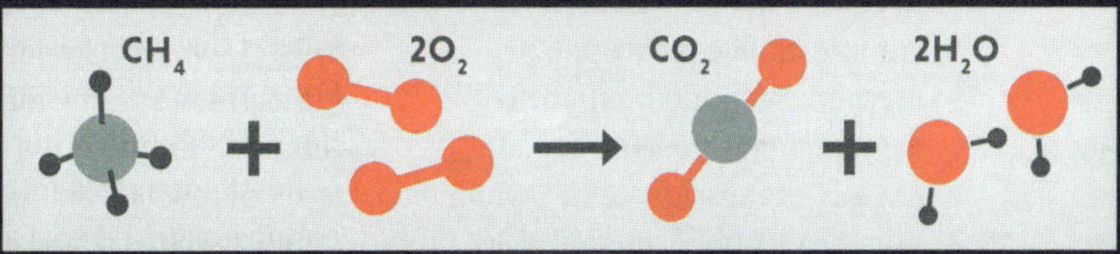

Cibo a perdere

Frigoriferi e dispense parlano di noi: quanto consumiamo realmente di ciò che contengono? Nei paesi occidentali gli sprechi sono altissimi e l'abitudine di gettare alimenti ancora commestibili è purtroppo in crescita. Secondo il rapporto *Estimates of European food waste levels*, Commissionato dall'Unione Europea e pubblicato nel 2016, una percentuale compresa tra un terzo e la metà della produzione mondiale di cibo non viene consumata. I dati raccolti arrivano da molte fonti diverse e risentono della difficoltà di mettere a paragone differenti tipi di "sprechi alimentari" (un'espressione che include il cibo gettato in famiglia, ma anche la parte di raccolto abbandonata nei campi perché i prezzi al mercato

Nel 2011 l'UE
ha prodotto circa
865 kg
di cibo per
persona

Non buttiamo via solamente gli imballaggi. Moltissimo cibo commestibile finisce ogni giorno nella spazzatura

sono troppo bassi, gli avanzi delle mense e degli allevamenti, gli scarti di produzione industriale). In ogni caso quel che appare evidente è che la porzione di cibo che diventa rifiuto è gigantesca. Restringendo il campo alla sola Unione Europea, lo spreco di cibo (la stima si riferisce al 2012) si aggira intorno agli 88 milioni di tonnellate. Come dire che ogni anno un cittadino europeo spreca in media 173 chili di cibo. Considerando che l'UE nel 2011 ha prodotto circa 865 chili di cibo a persona, lo spreco si aggira intorno al 20 per cento. Insomma, ogni cinque pacchi di pasta, ogni cinque uova o vasetti di yogurt, uno finisce direttamente nel secchio. In Europa, i costi associati allo spreco alimentare nel 2012 sono stati stimati in 143 miliardi di euro, due terzi dei quali (circa 98 miliardi) sostenuti dai consumatori. Interessante notare che, sempre secondo il rapporto, il 60 per cento circa del cibo gettato sarebbe ancora commestibile e che ogni tonnellata di cibo edibile sprecato equivale a uno spreco di 3529 euro.

Siamo quel che mangiamo?

Nel 1862 il filosofo tedesco Ludwig Feuerbach (1804 – 1872) pubblicò il saggio *L'uomo è ciò che mangia*, in cui, partendo dall'idea che mente e corpo nell'uomo siano uniti indissolubilmente, sosteneva la necessità di migliorare l'alimentazione delle persone per migliorarne le condizioni spirituali: «La teoria degli alimenti è di grande importanza etica e politica. I cibi si trasformano in sangue, il sangue in cuore e cervello; in materia di pensieri e sentimenti. L'alimento umano è il fondamento della cultura e del sentimento. Se volete far migliorare il popolo, in luogo di declamazioni contro il peccato, dategli un'alimentazione migliore. L'uomo è ciò che mangia». E se l'uomo fosse anche quel che spreca?

Se lo spreco alimentare fosse un paese, sarebbe la terza maggiore sorgente di emissioni di gas a effetto serra del mondo, dopo Stati Uniti e Cina

LICK THE PLATTER CLEAN
VERNON GRANT
Don't Waste FOOD
WAR FOOD ADMINISTRATION

Da rompere preferibilmente entro il...

Alle nostre latitudini e nel pieno degli anni duemila, rincorrere le ultime novità tecnologiche e acquistare beni costosi come un telefono, un computer o un paio di scarpe per utilizzarli due anni al massimo e poi sostituirli appare del tutto normale. È utile però sapere che quelle che oggi ci appaiono scelte individuali dettate dal gusto o dal progredire delle scoperte tecnologiche sono state invece "inventate" nel 1932 da Bernard London, autore di alcuni saggi tra cui *Ending the Depression Through Planned Obsolescence* ("Porre fine alla crisi attraverso l'obsolescenza programmata") in cui si teorizzava l'utilità di invecchiare volutamente gli oggetti (e il gusto del consumatore) per sostenere l'economia capitalistica basata sulla domanda e l'offerta di beni e servizi. Negli anni trenta, l'America e una parte del mondo erano nel pieno della crisi del '29 e London proponeva di costruire beni pensati non più per durare nel tempo ma per essere usati un numero limitato di volte, costringendo di fatto il consumatore a ricomprarli continuamente.
Insieme alle basi del consumismo, si ponevano così quelle per la produzione di una quantità di rifiuti senza precedenti nella storia.

I beni che compriamo spesso sono fatti per avere vita breve

L'obsolescenza programmata è tutt'altro che una novità perché risale al **1932**

Finché c'è vita c'è...

È senz'altro la cosa che l'essere umano vuole eliminare il più velocemente possibile dopo averla prodotta. E non ne produciamo proprio pochissima: in genere tra i 100 e i 250 grammi al giorno a testa, ovvero circa un miliardo di chili al giorno in tutto il pianeta. Più o meno tanta da riempire un grattacielo grande come l'Empire State Building, ogni giorno. Materia fondamentale per la vita eppure fonte di imbarazzo, scarto, argomento di cui non parlare se non con eufemismi

Un rifiuto pieno di informazioni... sulla nostra vita

o giri di parole. Strano destino quello della cacca nella società moderna. Scarto che ci accompagna dalle prime alle ultime ore di esistenza, le deiezioni corporali sono intimamente connesse con la vita stessa e in un libro che parla di rifiuti non si può non dar loro il giusto spazio. Anche perché ci raccontano un sacco di cose: sulla nostra salute prima di tutto, tant'è che a molti, prima o poi, capita di farle analizzare per scopi medici. Le informazioni che se ne ricavano sono così preziose che sempre più si diffonde il monitoraggio delle feci su interi campioni di popolazione, ad esempio per la prevenzione del tumore del colon retto. Ma anche sullo stato di salute e sulle contraddizioni del nostro mondo, che offre a sei miliardi di persone accesso alla telefonia cellulare ma solo a cinque miliardi dei servizi igienici dignitosi e salubri. Mentre ancora un miliardo di persone sono obbligate a espletare i propri bisogni all'aria aperta in condizioni igieniche precarie, con conseguenze drammatiche per la salute, in particolare dei bambini (solo in India, la diarrea uccide ogni anno 117.000 bambini sotto i cinque anni). Le Nazioni Unite si sono date l'obiettivo di eradicare la pratica della defecazione all'aperto entro il 2030; e sullo sviluppo di latrine igieniche facili da installare e gestire ed economiche si fa molta ricerca e si studiano nuove tecnologie. Tecnologie che puntano anche a riciclare i nostri rifiuti e quelli degli animali, ad esempio per riconvertirli in energia e fertilizzanti, e limitarne quindi il tutt'altro che trascurabile impatto ambientale. Basti pensare che l'allevamento di animali produce all'incirca sette miliardi di tonnellate di CO_2, il 14,5 per cento di tutte le emissioni di gas serra causate dall'uomo. Questo accade a causa dei gas emessi dai ruminanti nel corso del loro processo digestivo (i ben noti gas intestinali) e delle attività connesse all'alimentazione delle bestie e delle deiezioni. La scienza lavora anche per riciclare la pipì degli astronauti, per combattere la diffusione degli stupefacenti studiando le fogne, per produrre feci artificiali che servano a collaudare i gabinetti, per perfezionare il trapianto di feci che può debellare malattie del colon, e per studiare la preistoria grazie alle cacche fossili. Insomma, queste deiezioni tanto neglette sono davvero importanti. E, anche se non viene considerato educato parlarne, c'è poco da fare: ci fanno ridere. Parleremo anche di questo.

Le deiezioni sono un tema caro al mondo scientifico internazionale per molte ragioni

La gerarchia dei rifiuti

Riduci, Riusa, Ricicla, Recupera: sono le quattro R in cima alla gerarchia dei rifiuti, ovvero quell'insieme di politiche, azioni, processi che mettiamo in gioco per minimizzare e trattare la spazzatura del nostro mondo. Accettata dalle principali economie mondiali - la possiamo trovare tra i documenti della Commissione Europea o delle agenzie di protezione ambientale americana o australiana - la gerarchia dei rifiuti ha la forma di una piramide rovesciata: in alto le azioni che dovrebbero essere prioritarie e maggiormente diffuse e poi, mano a mano che si scende, le scelte meno desiderabili e auspicabilmente meno diffuse.
Prima R, *Ridurre*. "Prevenire è meglio che curare", come spesso si dice, anche nel caso dei rifiuti. La migliore tecnica per trattarli è dunque senz'altro quella di

non produrne o, almeno, di ridurne drasticamente la quantità. Per questo è necessario che le comunità, le industrie e i governi siano incoraggiati a massimizzare l'efficienza nell'utilizzo delle risorse, riducendo la quantità di materie vergini usate per la produzione degli oggetti e i consumi non strettamente necessari. Ciò si traduce in un'attenta progettazione di prodotti che usino il più possibile materiali riciclati, che evitino l'utilizzo di sostanze inquinanti, per la cui produzione si utilizzi la minore quantità possibile di energia e che possano essere riciclati una volta usati. Ma anche nella scelta di oggetti che abbiano un imballaggio limitato e "intelligente", nell'evitare oggetti usa e getta, nel preferire prodotti biodegradabili, nell'utilizzare gli avanzi alimentari anziché gettarli.

La seconda R ci porta a *Riutilizzare*. Evitare di buttare quei prodotti e componenti che, con un'opportuna manutenzione, possono essere utilizzati per il loro scopo originario è un punto molto importante. Elettrodomestici, stampanti, cartucce d'inchiostro, ma anche abiti e mobili possono essere riutilizzati.

Dobbiamo produrre meno rifiuti e quelli che produciamo vanno riusati, riciclati e recuperati

Ciò che non si può riutilizzare va il più possibile *Riciclato*: ecco la terza R. Gran parte dei nostri rifiuti può, infatti, essere riciclata, con tanti vantaggi:

- si riduce la quantità di materiale destinato alla discarica;
- diminuiscono le emissioni di gas serra e in generale di inquinanti;
- si risparmia energia, cosa che a sua volta stimola lo sviluppo di tecnologie verdi;
- si creano posti di lavoro;
- si riduce l'uso di materie prime vergini ricavate dalla natura.

Plastica, carta, vetro, metalli - anche quelli preziosi - possono infatti essere tutti ottenuti da materie riciclate, diminuendo così il ricorso all'importazione particolarmente gravosa per economie, come la nostra, che hanno poche materie prime disponibili. Secondo un rapporto della Commissione Europea, riciclare una lattina di alluminio consente un risparmio di circa il 95 per cento dell'energia necessaria per produrne una nuova.

E infine la quarta R, quella di *Recupero*. Recupero di energia perché alcuni rifiuti possono diventare combustibili per generatori di energia elettrica o per sistemi di riscaldamento degli edifici. Ciò avviene nei termovalorizzatori, che sono degli inceneritori nei quali viene recuperato il calore prodotto dalla combustione dei rifiuti.

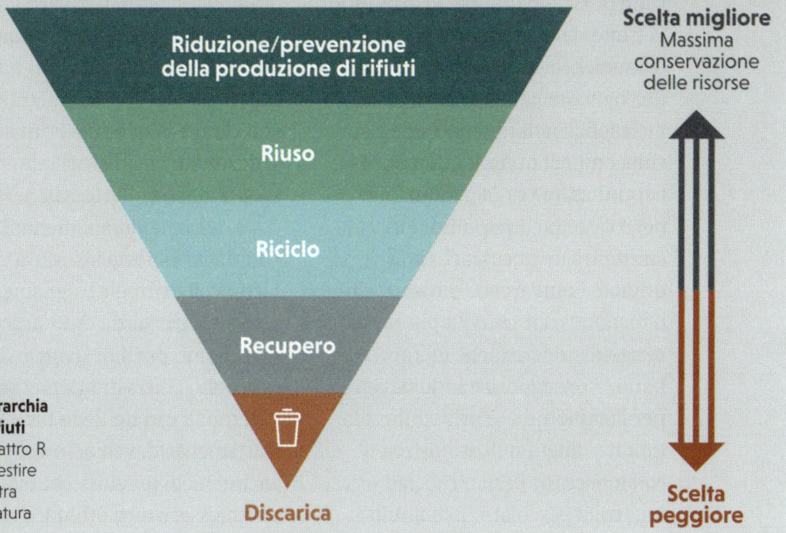

La gerarchia dei rifiuti
Le quattro R per gestire la nostra spazzatura

Questi impianti sono spesso oggetto di controversie e devono naturalmente rispettare regole molto rigide, sia in fase di progettazione sia di funzionamento. Per poter bruciare efficacemente i rifiuti, in special modo quelli pericolosi, essi devono lavorare a temperature molto elevate e le loro emissioni (ceneri, diossina e altri elementi chimici nocivi) ed essere tenute sotto stretto controllo. Nonostante gli attuali standard europei per i termovalorizzatori siano molto stringenti, il loro uso dovrebbe essere ridotto al minimo indispensabile e, non a caso, sono al penultimo posto nella gerarchia dei rifiuti. Secondo i dati della Confederation of European Waste-to-Energy Plants (CEWEP), la Francia è il paese europeo con il maggior numero, 126, di termovalorizzatori, seguito dalla Germania con 99 e dall'Italia con 43. In termini di quantità di rifiuti trattati con questi impianti, al primo posto c'è la Germania con 25 milioni di tonnellate annue, seguita dalla Francia con 14,7 e dall'Inghilterra con 7,9. L'Italia ne tratta 6,3 milioni di tonnellate all'anno.

In fondo alla piramide rovesciata, ultima e meno desiderabile scelta, c'è la discarica, che a dire il vero una R ce l'ha anche lei, anche se non all'inizio della parola. La discarica è il sito dove vengono immagazzinati in maniera permanente i rifiuti solidi che non è stato possibile trattare in altri modi. Si tratta del più antico metodo di trattamento dei rifiuti, ma anche dell'opzione peggiore, a causa delle molteplici conseguenze negative che comporta. Tra le principali, la produzione di metano e di percolato, un liquido che si forma a causa dell'azione di acque di varia origine, come quelle piovane. Sia il metano sia il percolato, se non vengono adeguatamente raccolti, hanno conseguenze assai negative per l'ambiente e la salute: il metano infatti si libera nell'atmosfera e costituisce un pericoloso gas serra, mentre il percolato è un liquido che contiene sostanze tossiche e inquina il terreno e le falde acquifere. Per questo, una moderna discarica deve essere progettata con accorgimenti molto precisi per

ridurre il più possibile l'impatto ambientale. In particolare, i rifiuti devono essere totalmente isolati dall'ambiente circostante, con barriere di impermeabilizzazione sul fondo e sui lati costituite da geomembrane (fogli di materiale sintetico come il polietilene) e coprendo quotidianamente la superficie esposta all'aria con terreno o trucioli di legname. Inoltre la discarica deve avere un sistema per il drenaggio del percolato e un altro di raccolta del metano. L'uso delle discariche per il trattamento dei rifiuti indifferenziati andrebbe assolutamente evitato e la direttiva europea 99/31/CE, recepita anche dal nostro paese, prevede che in discarica debbano finire solo materiali a basso contenuto di carbonio organico e materiali non riciclabili, prevedendo invece il compostaggio e il riciclo come strategie prioritarie. In Italia però c'è ancora molta strada da fare. Secondo il rapporto rifiuti urbani 2017 dell'Istituto Superiore per la Protezione e la Ricerca Ambientale (ISPRA) nel nostro paese si smaltisce ancora in discarica il 25 per cento dei rifiuti urbani prodotti, mentre il 18 per cento va in inceneritore e circa il 2 per cento viene inviato in impianti per essere utilizzato all'interno del ciclo produttivo e per produrre energia elettrica. La percentuale di rifiuti riciclati è del 45 per cento.

Paese che vai, pattumiera che trovi

L'Italia è paese di mille borghi e mille campanili. E di tanti modi diversi per raccogliere i rifiuti. Se la maggior parte di noi è abituata a vedere al mattino un camion compattatore che svuota i cassonetti, l'immondizia degli abitanti del centro storico veneziano viaggia invece in... barca. Non su una gondola, ma su efficienti barche dotate di gru per sollevare i carretti (con i quali gli operatori ecologici raccolgono l'immondizia porta a porta), di scomparti per la raccolta differenziata e del compattatore. A Castelbuono, in provincia di Palermo, e a Montalto Ligure, in provincia di Imperia, la raccolta differenziata si fa invece a dorso d'asino. Gli animali possono inerpicarsi per stradine e viottoli, dove i mezzi meccanici faticherebbero o non potrebbero arrivare, non pagano bollo e assicurazione e consumano un carburante senz'altro meno costoso.

Aria buona e vista panoramica infine, per i sacchetti dei borghi montani di Novate Mezzola, in provincia di Sondrio, che viaggiano fino a valle in teleferica, proprio come accade anche ai rifiuti di molti rifugi alpini.

2

Inquinano

l'ambiente e fanno male

L'umanità tramanda la vita, prima di tutto. E poi i saperi, le passioni, le tradizioni. Così facendo, progredisce da millenni. Ma ora qualcosa si è inceppato, perché stiamo lasciando in eredità anche inedite quantità di rifiuti. A volte li teniamo nascosti, a volte li abbandoniamo a cielo aperto, dispersi nell'ambiente spesso senza alcun controllo. Li produciamo e li affidiamo a chi verrà dopo di noi, facendo peggiorare a ritmi drammatici l'inquinamento e ipotecando il futuro delle generazioni dei prossimi secoli.

L'isola (di plastica) che non c'è

L'oceano Pacifico è il più grande e profondo oceano del pianeta. Ha una superficie di circa 162 milioni di km², superiore a quella di tutte le terre emerse messe assieme. Eppure, malgrado sia enorme e contenga più della metà dell'acqua allo stato liquido presente sul pianeta, non riesce a nascondere la presenza di un'incredibile e crescente quantità di rifiuti. Plastica, innanzitutto: reti da pesca, bottiglie, buste e bidoni, ma anche pezzettini, grandi da qualche centimetro fino a pochi miliardesimi di metro. Questi rifiuti, se galleggiano, non si distribuiscono casualmente nell'oceano, ma vengono radunati in punti specifici dalle correnti e dai venti. Triangoli delle Bermuda di plastica, vortici in cui i rifiuti si concentrano accumulandosi sopra e sotto la superficie del mare, in strati profondi anche vari metri ed estesi per chilometri.

Le chiamano *garbage patches* o “isole di rifiuti” e, oltre alla plastica, vi si trovano anche alghe, plancton, batteri e materiali vari. La più grande di queste “isole” si è formata in un’area di alta pressione situata approssimativamente tra la California e le Hawaii. La sua estensione non è nota con precisione e le stime variano anche in modo ragguardevole: oscillano tra i 700.000 km² (un’area più grande della Spagna e del Portogallo messi insieme) e gli oltre 10 milioni di km² (un’area superiore a quella degli Stati Uniti). Una seconda grande zona di convergenza dei rifiuti si trova al largo della costa sudorientale del Giappone. E l’oceano Pacifico non è l’unico ad avere problemi. Anche nell’Artico, nell’Antartico, nell’Atlantico e persino nel mar Mediterraneo si registrano crescenti concentrazioni di plastica in sospensione e, in alcuni casi, anche la formazione di grandi accumuli di rifiuti. Meglio però non chiamarle isole. Secondo la National Oceanic and Atmospheric Administration (NOAA) degli Stati Uniti, infatti, è un termine scorretto e non può essere utilizzato. Non si tratta di negazionismo, al contrario: era stata proprio la NOAA, nel 1988, a prevedere per prima l’esistenza di queste chiazze di rifiuti, che è stata confermata sul campo, anzi in mare, pochi anni dopo. Secondo gli esperti, il problema è che il

Ecco i **10 rifiuti** più raccolti nella campagna **2014** **International Coastal Clean-up** su circa **22.000 km** di coste in **91 paesi**

1	Filtri di sigarette	**2.248.065**
2	Confezioni per alimenti	**1.376.133**
3	Bottiglie di plastica	**988.965**
4	Tappi di plastica	**811.871**
5	Cannucce e agitatori da cocktail	**519.911**
6	Buste di plastica miste	**489.968**
7	Buste di plastica (per la spesa)	**485.204**
8	Bottiglie di vetro	**396.121**
9	Lattine da bibite	**382.608**
10	Tazze e piatti di plastica	**376.479**

termine *isola* farebbe pensare a una sorta di terra galleggiante in mezzo all'oceano, in cui i rifiuti costituiscono una specie di terreno sul pelo dell'acqua. Ma non è così. Infatti, anche se in queste aree si concentrano degli oggetti di notevoli dimensioni, la maggior parte della plastica si trova in pezzi talmente piccoli da sfuggire persino ai potenti occhi dei satelliti. Ciò rende difficile ottenere stime precise sulle quantità disperse negli oceani. Moltissima plastica non è situata sul pelo dell'acqua ma sul fondo, o staziona anche vari metri sotto la superficie. La plastica non si biodegrada, ma in compenso - si fa per dire - si fotodegrada, cioè si rompe in pezzi sempre più piccoli, fino a ritornare alle dimensioni dei polimeri che la compongono. La biodegradazione di questi polimeri resta comunque difficile anche se sono invisibili a occhio nudo; c'è chi ipotizza che in queste discariche oceaniche vivano colonie di organismi in grado di cibarsene, ma finora l'ipotesi non è stata provata. E, ancora peggio, grazie alla sospensione nell'acqua e alle piccolissime dimensioni, i pezzetti di plastica possono facilmente essere scambiati dai pesci e dagli altri animali marini per plancton ed essere ingeriti, entrando così nella catena alimentare.

Cosa accadrebbe se le zone di convergenza dei rifiuti diventassero vere e proprie isole?

Anche se il terreno delle "isole di plastica" fosse solido, in base alla Convenzione delle Nazioni Unite sui diritti del mare un'isola, per essere riconosciuta come tale, deve prestarsi all'insediamento umano e a una vita economica autonoma. Difficile immaginare che questo possa avvenire in futuro. È dunque legalmente scorretto ritenere queste concentrazioni di rifiuti delle isole. Ma cosa accadrebbe se questi ammassi di plastica fossero davvero delle isole? L'idea ha colpito a tal punto l'immaginazione dell'artista Maria Cristina Finucci - il lavoro degli artisti consiste a volte proprio nel sovvertimento delle regole - che, con il patrocinio dell'UNESCO e del Ministero dell'Ambiente, ha dato vita al progetto artistico "Garbage Patch State - Wasteland". Qui una grande chiazza di rifiuti viene rivendicata come stato a sé, con tanto di festa nazionale l'11 aprile, giorno della sua fondazione, e la sua prima ambasciata, aperta presso la sede del museo di arte contemporanea Maxxi di Roma.

Galleggia o affonda?

«Eureka!» pare abbia gridato Archimede di Siracusa (287 a.C. circa - 212 a.C.) uscendo nudo dalla vasca da bagno e mettendosi a correre per la città per comunicare di avere risolto il problema postogli dal tiranno di Siracusa Gerone II. Archiemede era stato interpellato da Gerone per smascherare una presunta truffa. Il sovrano aveva commissionato a un orafo una corona d'oro e gli aveva fornito la quantità necessaria per l'opera; l'orafo era sospettato però di avere sostituito una parte dell'oro con un metallo meno pregiato come l'argento, ricoperto poi d'oro. Come provarlo, dato che il peso della corona era equivalente a quello della corrispondente quantità di oro, senza rovinare il prezioso manufatto? Lo storico Vitruvio racconta che Archimede ebbe l'intuizione del principio che oggi porta il suo nome mentre faceva il bagno, scoprendo che ogni corpo immerso in un fluido riceve una

Se la plastica gettata in mare galleggerà o meno, sarà Archimede a dirvelo

spinta dal basso verso l'alto pari al peso del volume del liquido spostato. Quindi, pensò Archimede, anche se mettendo sui due piatti di una bilancia rispettivamente la corona e i pezzi d'oro di peso equivalente non si sarebbe osservata alcuna differenza, una volta immersi entrambi in acqua i due piatti si sarebbero comportati diversamente. Sia la corona sia l'oro avrebbero ricevuto una spinta pari non al loro peso bensì al peso del volume di acqua spostata. E se la corona avesse contenuto argento, che ha un peso specifico minore dell'oro, avrebbe avuto un volume maggiore e avrebbe ricevuto una spinta idrostatica più grande, con la conseguenza che la bilancia non sarebbe più stata in equilibrio. Così fu e la corona si rivelò di volume maggiore rispetto ai pezzi d'oro, smascherando la frode.

Nel caso dei rifiuti, in particolare quelli composti da materie plastiche, il principio di Archimede si rivela straordinariamente utile per prevederne il destino. La plastica affonderà o galleggerà una volta finita in mare? Per capire il senso di questa domanda bisogna tenere presente che in generale è scorretto parlare di plastica come se si trattasse di un unico materiale. Esistono moltissimi tipi di materie plastiche, la cui composizione determina la possibilità che siano o meno riciclabili e anche la loro sorte una volta finite in acqua. La plastica meno densa dell'acqua di mare - circa il 10 per cento del totale - galleggia, offrendosi alle correnti e al vento che la trasportano nell'oceano. Quella più densa dell'acqua - il rimanente 90 per cento - invece affonda, andando ad accumularsi sui fondali insieme ad altre particelle sedimentarie.

!

1:5
è il rapporto tra **plastica** e **pesci** nei nostri mari oggi

Dati: **Plastic Europe**

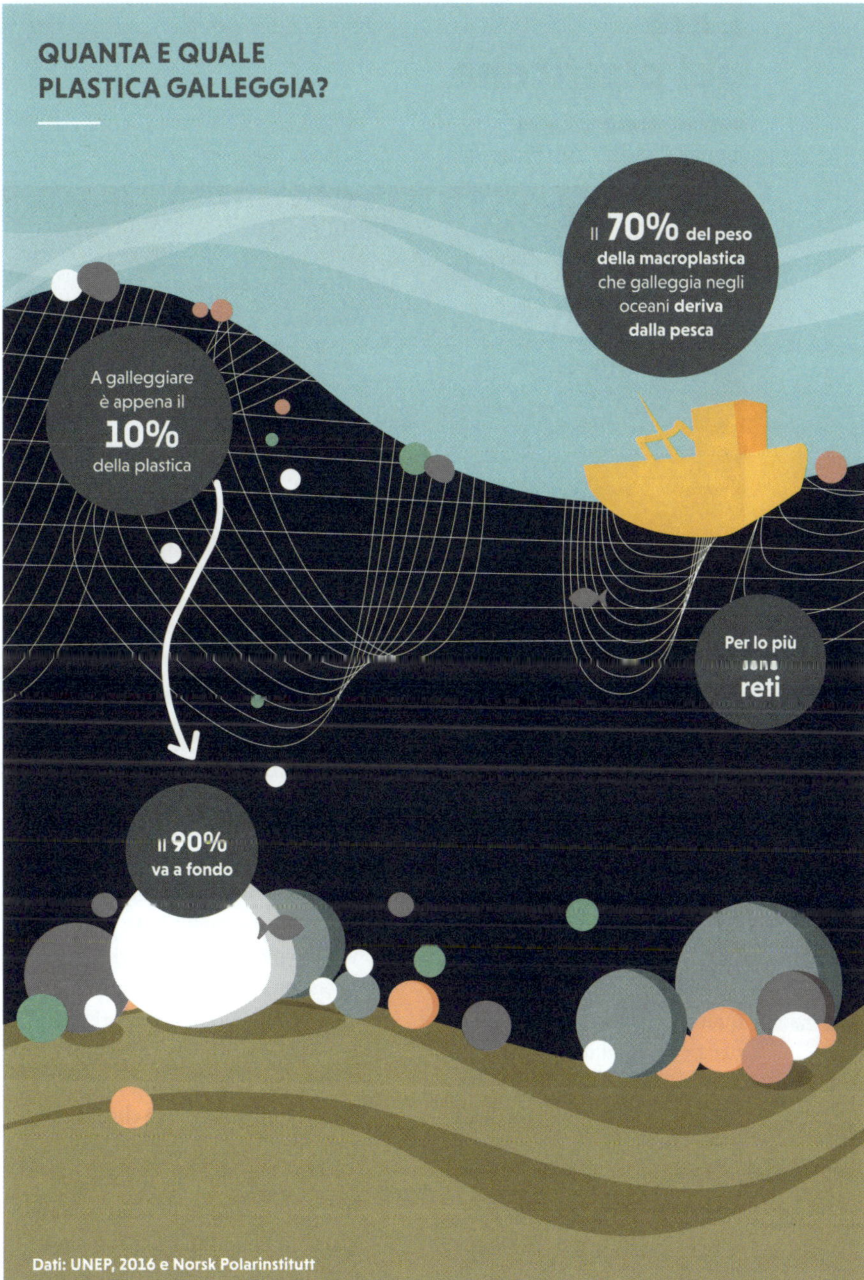
QUANTA E QUALE
PLASTICA GALLEGGIA?
Il 70% del peso
della macroplastica
che galleggia negli
oceani deriva
dalla pesca
A galleggiare
è appena il
10%
della plastica
Per lo più
sono
reti
Il 90%
va a fondo
Dati: UNEP, 2016 e Norsk Polarinstitutt

L'era del plasticene

Benvenuti nel "plasticene", la nuova era geologica dominata dalla plastica. Potrebbero chiamarla così gli archeologi del futuro, quando ritroveranno tutta la plastica che stiamo producendo e che gli lasceremo in eredità per centinaia, forse migliaia di anni. Il termine *plastica*, in generale, è usato per indicare vari materiali, tra cui numerosi polimeri sintetici - cloruro di polivinile o PVC, polietilene (PE), polietilene tereftalato (PET) per citare i più comuni - e le cosiddette plastiche verdi o bioplastiche. I primi sono prodotti a partire dal petrolio, le seconde da biomasse di origine vegetale: la differente origine determina la maggiore, minore o nulla biodegradabilità di ciò che noi chiamiamo comunemente plastica. I polimeri sono lunghe molecole presenti in natura (sono ad esempio polimeri la cellulosa con cui si fa la carta e il DNA) e possono anche essere prodotti sinteticamente selezionando le qualità più interessanti delle molecole da realizzare. Il tipo di polimero influenza notevolmente il comportamento di un materiale plastico in natura, che risente però anche delle condizioni ambientali in cui si dovrebbe presumibilmente biodegradare. Queste variano notevolmente da un luogo all'altro, tanto da rendere piuttosto improprio l'uso dell'aggettivo *biodegradabile* senza ulteriori precisazioni. Un comune sacchetto per la spesa biodegradabile, per esempio, per degradarsi completamente e rompersi fino a tornare a componenti iniziali come acqua, anidride carbonica e metano in una scala di tempi ragionevole, richiede una temperatura di circa 50 gradi. Meglio del sintetico PET usato per le bottiglie, che richiede 3400 gradi, ma ancora troppo difficile da realizzare per Madre Natura. La plastica biodegradabile inoltre si comporta in modo differente in acqua e sulla terra. Mentre quella che si trova sulla costa o sulla battigia, esposta ai raggi ultravioletti e all'urto delle onde, si rompe in pezzi più piccoli abbastanza rapidamente (più in fretta nei luoghi in cui le temperature sono più alte), una volta che viene coperta dalla sabbia o torna a galleggiare in acqua, la frammentazione per lo più si arresta. Gli studi sul campo sono ancora pochi e i dati difficili da confrontare tra loro per l'estrema variabilità delle condizioni oceaniche. Ma in generale se la biodegradazione del polietilene appare possibile, pur se lentissima, nelle acque calde dei tropici, altri polimeri frequentemente usati per costruire oggetti di uso comune, come il propilene o il PVC, in pratica non si biodegradano nell'ambiente. E anche quelli che in speciali condizioni riescono a degradarsi a terra, in mare necessitano di tempi molto più lunghi e non sempre sembrano riuscirci. La produzione di polimeri realmente biodegradabili è possibile, ma significativamente più costosa di quella attuale, il che ovviamente ne rallenta l'introduzione.

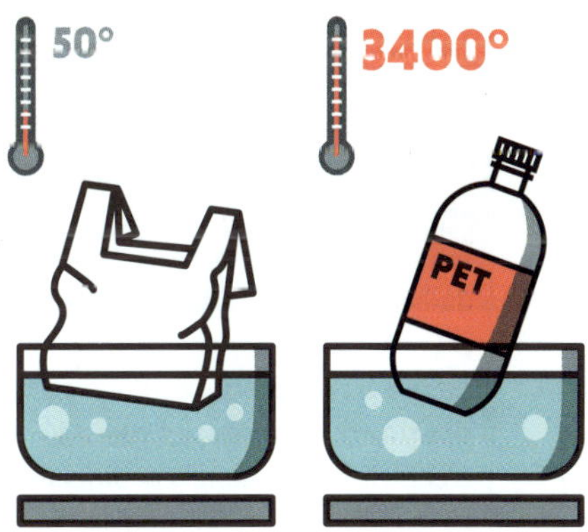

Subisce una lenta degradazione e alla fine non se ne va quasi mai: è la plastica biodegradabile

Occhio al picnic!

In base a una ricerca dell'università di Oxford, il sapore del cibo percepito da chi mangia cambia in base a tipo, colore e composizione delle posate utilizzate. Pare per esempio che mangiare lo yogurt con un cucchiaino di plastica gli conferisca un sapore più denso e ricco. Ci avete mai fatto caso? Se volete ripetere l'esperimento state però attenti ai tempi. Ai francesi per esempio rimangono ancora solo pochi anni per farlo, perché dal 2020 dovranno rinunciare a questo "bonus di sapore"; saranno ricompensati però dal gusto di gettare meno plastica in discarica. In base al decreto 1170, votato dal

Rispolverate l'argenteria: in Francia, niente più posate di plastica a partire dal 2020

Negli Stati Uniti
25 miliardi
di *coffee cups*
ogni anno
finiscono tra i
rifiuti

!

Parlamento francese il 30 agosto 2016, stoviglie usa e getta come tazze, bicchieri, piatti e ovviamente posate saranno infatti ufficialmente bandite nella Repubblica. Vietato venderle e anche produrle, a meno che non contengano come minimo il 50 per cento di materie prime di origine biologica e che siano compostabili domesticamente.
Ma cosa vuol dire esattamente?
Le definizione di *materie prime di origine biologica* e di *compostaggio domestico* hanno fatto arricciare il naso a più d'uno, tanto che i legislatori si sono visti costretti a inserire nel testo del decreto una precisazione bizantina: sono considerate biologiche tutte le materie di origine biologica tranne quelle fossili o integrate in formazioni geologiche. Insomma tutte, tranne il petrolio.
Siamo a posto allora: senza petrolio niente plastica, almeno di tipo tradizionale. I produttori però sono già pronti a dare battaglia.
Da luglio dello scorso anno, come in molti paesi europei, anche in Francia sono stati banditi i sacchetti; ma se quelli prodotti in plastica tradizionale sono ormai vietati quasi ovunque, il divieto sulle stoviglie preoccupa i produttori, che temono una reazione a catena. L'organizzazione Pack2Go Europe, che rappresenta i produttori di packaging europei, ha già annunciato che darà battaglia e si rivolgerà all'Unione Europea perché intraprenda un'azione legale contro il decreto, accusato di violare la libera circolazione delle merci sul territorio dell'UE.
Le argomentazioni a sostegno dell'azione legale sono varie.
Pack2Go ritiene che non ci siano prove che le stoviglie compostabili siano meno dannose per l'ambiente di quelle realizzate in plastica al 100 per cento (oltretutto nessuna plastica, anche se ottenuta da materie prime di origine biologica, può essere compostata in casa come richiede il decreto). Inoltre, secondo i portavoce dell'organizzazione il provvedimento potrebbe diffondere un messaggio sbagliato: quello che in futuro piatti, bicchieri e posate di plastica biologica possano essere liberamente abbandonati nell'ambiente in virtù della loro presunta biodegradabilità.

La biodegradabilità

Pensare, mangiare, sognare, viaggiare, costruire, distruggere, amare. Quante meravigliose e a volte terribili cose si possono fare con quattro elementi chimici: ossigeno, carbonio, idrogeno e azoto: i quattro elementi che compongono in media il 96,2 per cento del peso del nostro corpo. Tra questi c'è il carbonio, che ci accomuna a tutti gli organismi viventi e la cui presenza caratterizza i composti chimici organici, che lo includono in quasi tutte le loro molecole. Queste molecole, indipendentemente dalla loro complessità, sono soggette al processo di biodegradazione, ovvero alla scomposizione in molecole più semplici o in composti inorganici quali acqua, anidride carbonica e sali minerali. Questo accade grazie all'intervento di microorganismi come batteri, funghi, protozoi. Un processo molto importante per l'ambiente, perché consente di riutilizzare le risorse naturali. Le molecole risultanti dalla

Ossigeno, carbonio, idrogeno e azoto compongono il **96,2%** del nostro peso

biodegradazione possono infatti essere riciclate. È il sistema che la natura da sempre usa per gestire i rifiuti, e che all'uomo è noto da ben prima che capisse come funziona...: «Con il sudore del tuo volto mangerai il pane, finché non ritornerai alla terra, perché da essa sei stato tratto: polvere tu sei e in polvere ritornerai!» (Genesi 3,19). La biodegradazione "sminuzza" quasi tutto, dai rifiuti domestici al petrolio, ma il problema sono i tempi in cui lo fa. Purtroppo oggi la velocità con la quale produciamo i rifiuti è di gran lunga superiore alle capacità della biodegradazione naturale, e la situazione è diventata insostenibile.

La biodegradazione è un processo naturale che "sminuzza" quasi tutto. Ma non gliene lasciamo il tempo: produciamo troppi rifiuti troppo in fretta

Atomi e molecole

L'atomo è un costituente elementare della materia. È la più piccola parte di un elemento chimico che ne conserva le proprietà. Un atomo è composto da un nucleo, fatto da particelle chiamate protoni e neutroni, e da elettroni, in numero pari a quello dei protoni. L'atomo più semplice è quello dell'idrogeno, composto da un protone e un elettrone. Le dimensioni di un atomo variano tra circa 50 e 300 picometri – un picometro è uguale a un millesimo di miliardesimo di metro –, a seconda dell'elemento chimico. Giusto per fare un esempio, un atomo è così piccolo che bisogna metterne in fila circa un milione per arrivare allo spessore di questa pagina. Nonostante le piccole dimensioni, dal nucleo degli atomi si possono ricavare energie enormi, attraverso i processi di fissione e fusione nucleare.

La molecola è invece la parte più piccola di un elemento o di un composto capace di esistenza indipendente. È composta da atomi dello stesso elemento chimico – come la molecola dell'idrogeno, fatta di due atomi di idrogeno – o di elementi differenti, come quella dell'acqua – due atomi di idrogeno e uno di ossigeno. Nelle molecole gli atomi sono tenuti insieme grazie a legami chimici, che sono in sostanza delle forze di natura elettromagnetica che si esercitano fra di essi. Esistono tre tipi di legami chimici: covalente, ionico e metallico.

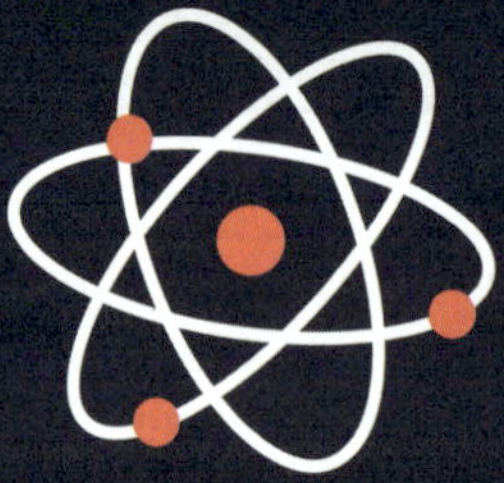

1 milione
di atomi in fila compongono lo spessore di questa pagina

Dai reattori agli ospedali

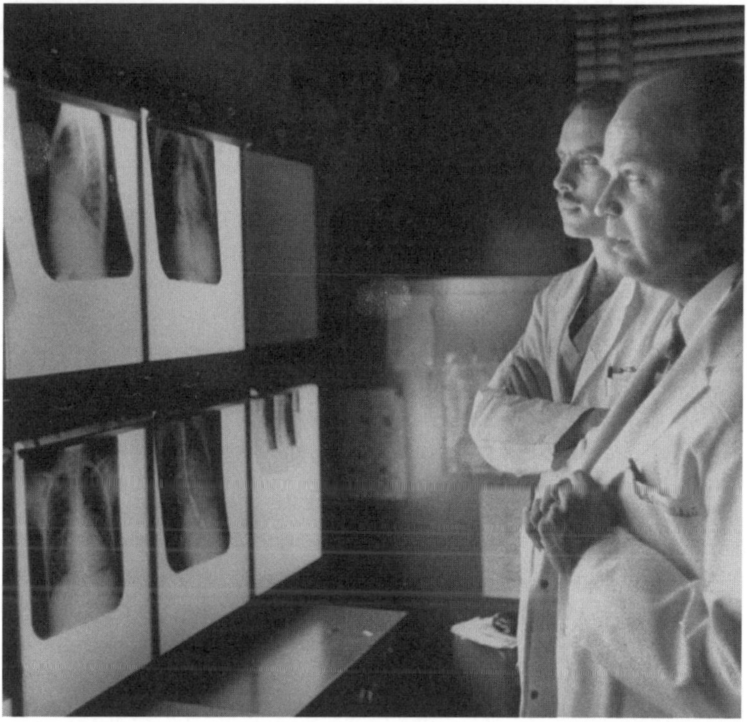

Tra la fine degli anni sessanta e i primi settanta l'Electric and Musical Industries, meglio nota come EMI, era senz'altro famosa per essere l'etichetta musicale di complessi come i Beatles e i Beach Boys e di cantanti come Joe Cocker e Frank Sinatra. Tra i fan delle sue attività ce n'erano però anche di più strani e influenti perché la EMI, sempre in quel periodo, portò avanti un'intensa e proficua attività di ricerca in campo medico, lavorando sulla diagnostica per immagini. Proprio in quegli anni Godfrey Hounsfield, ingegnere dell'azienda londinese, e il fisico sudafricano Allan Cormack realizzavano il primo prototipo del dispositivo per la tomografia computerizzata, che tutti conosciamo come TAC e che oggi è uno strumento diagnostico indispensabile negli ospedali. Per quell'invenzione Hounsfield e Cormack ottennero il premio Nobel per la medicina nel 1979. La TAC è probabilmente tra le più note applicazioni della fisica alla medicina, ma ce ne sono molte altre. La medicina nucleare, ad esempio, utilizza la radiazione prodotta da atomi e nuclei per ottenere dettagliate informazioni sul funzionamento del corpo umano e per curare malattie come i tumori. A questo scopo, spesso si usano i radioisotopi, dei particolari atomi instabili che emettono energia sotto forma di radiazione elettromagnetica o particelle. Si stima che vengano effettuate ogni anno circa 40 milioni di prestazioni radioterapiche, in oltre 10.000 ospedali, con una tendenza in crescita. Prestazioni che spesso salvano vite e che richiedono però un'attenta gestione dei rifiuti correlati. Materiali come siringhe, aghi, elementi assorbenti, guanti possono infatti contenere tracce di radioattività e devono quindi essere trattati con grande cura. Quelli della medicina sono però solo una parte dei rifiuti radioattivi che l'umanità produce con varie tecnologie nucleari e non.

La fisica applicata alla medicina dà, da decenni, risultati importantissimi

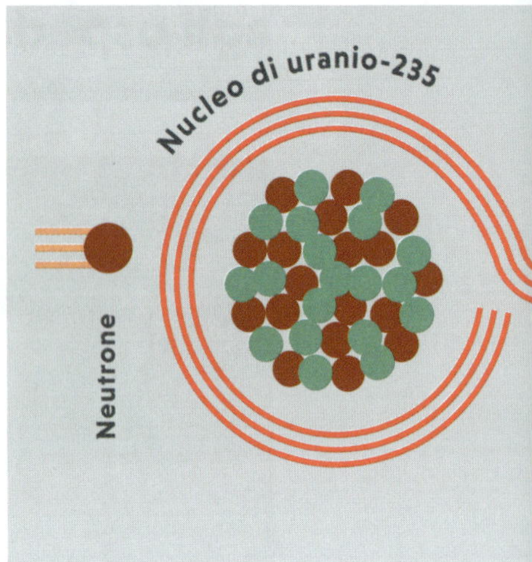

Di gestione senz'altro più complessa sono ad esempio le scorie ottenute dalla produzione di energia elettrica nelle centrali a fissione nucleare. Nel processo di fissione un nucleo pesante, come l'uranio, si rompe in frammenti più leggeri, rilasciando una grande quantità di energia. I prodotti della fissione sono nuclei radioattivi che rimangono tali anche per centinaia di migliaia di anni e che rappresentano quindi un grave problema ambientale e un'eredità pesante per le generazioni future. Con la crescente richiesta di energia da parte dei paesi in via di sviluppo e con la necessità di usare fonti di produzione di energia elettrica libere da CO_2, l'utilizzo della fissione nucleare è probabilmente inevitabile ancora per qualche decennio. Almeno fino a quando

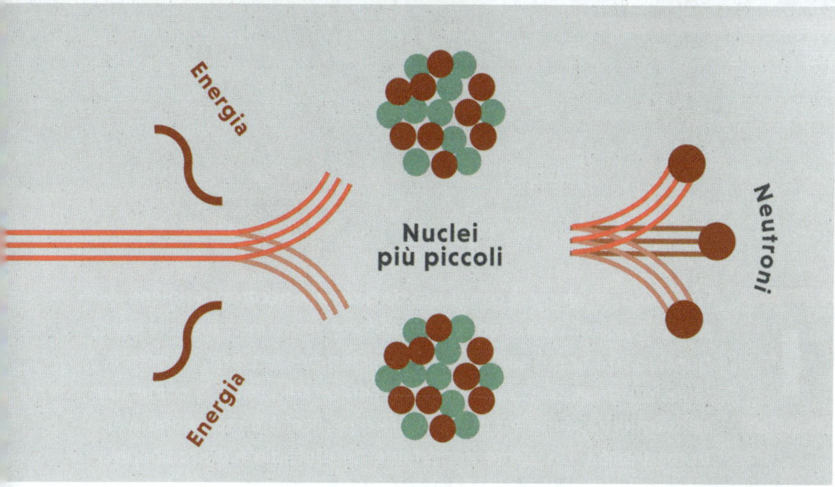

Schema della **fissione dell'uranio-235**

verrà addomesticata sulla terra la fusione, il processo nucleare che alimenta il sole e che ci garantirà energia inesauribile e soprattutto pulita. Il trattamento e lo stoccaggio delle scorie delle centrali a fissione è quindi oggi di grande attualità e rappresenta un problema ancora più complesso della realizzazione e del funzionamento delle centrali stesse. Dopo essere state tenute per qualche anno immerse in apposite piscine che ne permettono il raffreddamento, le scorie derivanti dal combustibile nucleare usato vengono vetrificate in blocchi di vetro o ceramica, oppure riposte all'interno di contenitori di acciaio insieme a gas inerti.
A lungo termine questi contenitori dovrebbero essere immagazzinati in depositi geologici sotterranei, progetti ai quali molti paesi stanno lavorando. Per esempio la Finlandia, che sta costruendo sull'isola di Olkiluoto il deposito permanente di scorie nucleari di Onkalo, pensato per durare 100.000 anni.

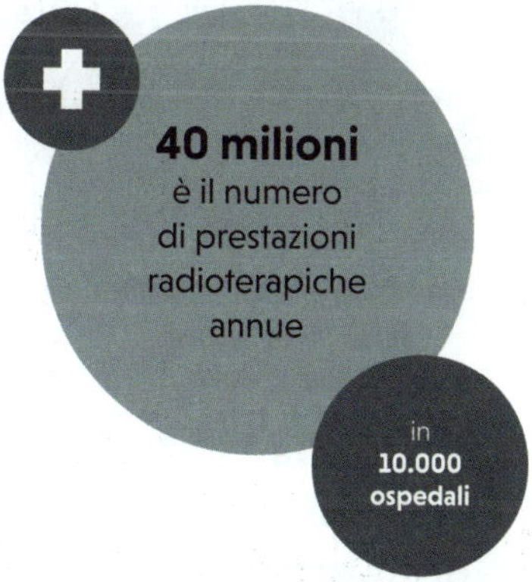

Radioattività

Il nucleo di un atomo è composto da protoni e neutroni e rimane insieme grazie all'interazione nucleare forte. In alcune situazioni però questa forza non è sufficiente e il nucleo perde pezzi, si sgretola. Questo processo si chiama decadimento radioattivo e, come sua conseguenza, il nucleo può emettere particelle o radiazione elettromagnetica. Un valore importante nel decadimento radioattivo è la vita media, che si definisce come il tempo nel quale, statisticamente, la metà del materiale radioattivo originale è decaduto.
Le vite medie variano enormemente a seconda dell'elemento radioattivo: giusto per fare qualche esempio, si passa dai 122 secondi dell'ossigeno-15, un isotopo usato in medicina nella tomografia a emissione di positroni (PET), ai 5730 anni del carbonio-14, fino ai 2,3 milioni di anni del cesio-135. La radioattività è un processo sia naturale sia generato artificialmente, tipicamente bombardando un nucleo stabile con un neutrone. Un esempio molto noto di radioattività naturale è quello del carbonio-14, usato anche in archeologia per datare i reperti. La radioattività può avere serie conseguenze per la salute: la radiazione ionizzante prodotta durante questo processo causa danni alle cellule e può originare varie gravi patologie.

Quanto ci mette davvero il materiale radioattivo a decadere?

Fuga dalle polveri sottili

I media lo chiamano blocco del traffico o semplicemente stop alle auto e lo annunciano ormai varie volte all'anno. La colpa è dello smog che attanaglia le città e, più in particolare, la responsabilità va imputata a una strana sigla: PM10. Di cosa si tratta esattamente? PM sta per "materia particolata" o "particolato" (in inglese *particulate matter*) e corrisponde a una mistura di particelle solide e goccioline

10 milionesimi di metro è il diametro delle **PM10**

di liquido presenti nell'aria più note come "polveri sottili". Il numero 10 sta invece per il loro diametro: 10 milionesimi di metro, unità di misura che corrisponde al micron, ovvero circa un quinto del diametro di un capello o un decimo delle dimensioni di un granello di sabbia. Il particolato è composto da polvere, particelle di fumo, fuliggine, caligine e da molteplici sostanze chimiche. Le PM10 non sono solo un'invenzione dell'attività umana: sono originate naturalmente dall'erosione del suolo, da incendi di foreste, dai pollini. Una certa concentrazione nell'aria che respiriamo, variabile a seconda dei luoghi, è quindi da ritenersi normale e inevitabile. Ciò che purtroppo gli umani spesso fanno, come in questo caso, è alterare l'equilibrio. La combustione di carburanti nei motori o negli impianti di riscaldamento, le emissioni degli impianti industriali, le polveri di cemento e il traffico veicolare - compreso il consumo di pneumatici, asfalto e freni - hanno portato negli ultimi decenni a un grande aumento della concentrazione di particolato nell'aria. In gran parte le polveri sottili sono quindi "scorie" dell'attività umana e hanno gravi conseguenze sulla salute. Le PM10, così come la loro versione più piccola (PM2,5 con diametro di 2,5 micron) sono talmente minuscole da poter essere inspirate e quindi penetrare nei polmoni e, in taluni casi, arrivare addirittura nel sangue. Le polveri sottili sono state recentemente incluse dall'agenzia internazionale per la ricerca sul cancro nel gruppo 1 delle sostanze cancerogene: le peggiori e più pericolose per l'uomo, che sono all'origine di gravi patologie tumorali e cardiopolmonari. Uno studio pubblicato nel 2011 nell'autorevole rivista scientifica "The Lancet" afferma che l'esposizione al traffico è tra i principali fattori prevenibili

Dimensione del **particolato** rispetto a un capello umano

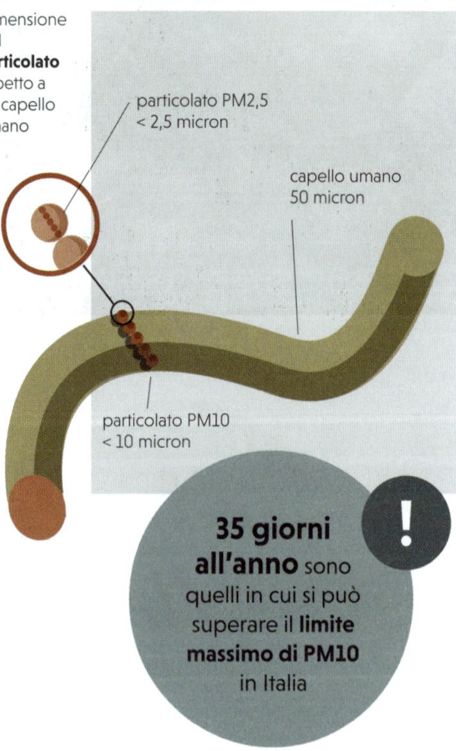

35 giorni all'anno sono quelli in cui si può superare il **limite massimo di PM10** in Italia

di rischio di infarto. La presenza di polveri sottili ha una drammatica evidenza nelle megalopoli, come quelle cinesi ma non solo, dove frequentemente una spessa coltre di smog rende il cielo grigio e l'aria irrespirabile. Ma è anche fonte di seria preoccupazione nelle nostre città, dove il monitoraggio delle polveri sottili è divenuto pratica comune. Quando il loro livello supera determinati limiti - cosa che avviene in particolare in inverno quando al contributo del traffico si somma quello del riscaldamento - vengono prese contromisure, come ad esempio la circolazione a targhe alterne o addirittura il blocco delle auto. Misure che sono purtroppo spesso solo palliativi temporanei. Una soluzione a lungo termine richiede infatti una strategia globale di controllo delle emissioni, sia a livello industriale - con l'introduzione di moderne tecnologie per il filtraggio e la cattura del particolato - sia nel settore della produzione dell'energia - diminuendo il più possibile il ricorso a fonti "sporche" come il carbone - e nel trasporto, con una forte spinta verso la trazione elettrica. Anche se, per rendere le auto elettriche veramente ecocompatibili è necessario disporre di fonti di produzione di energia elettrica come le rinnovabili o il nucleare che a loro volta non siano sorgenti di particolato e di CO_2.

PM10 sul nostro smartphone

La qualità dell'aria è arrivata anche sui nostri smartphone. Oltre a molti siti, tra i quali quelli istituzionali delle agenzie regionali per la protezione dell'ambiente, sono numerose infatti le app (sia nello store Apple sia in quello Android) che forniscono in tempo reale dati sulla qualità dell'aria e sui livelli di particolato nelle città del mondo. Dati che conviene tenere sott'occhio, non solo se si va a visitare una città molto inquinata, ma anche nei luoghi in cui viviamo. Soprattutto in inverno, quando il livello di polveri sottili è tipicamente più elevato è meglio ad esempio astenersi da attività all'aperto non strettamente necessarie che richiedano sforzi fisici, e quindi una maggior intensità della respirazione.

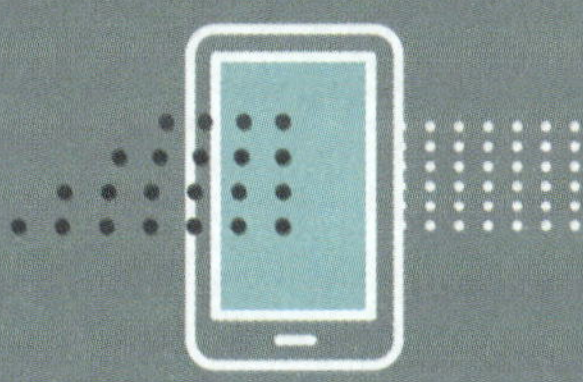

PCB

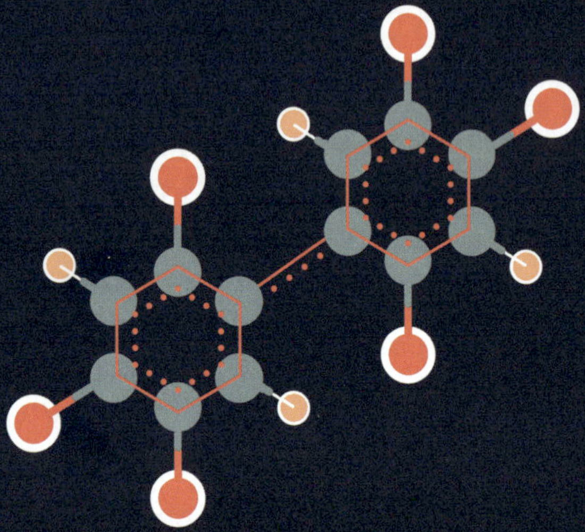

I policlorobifenili, anche noti come PCB, sono una famiglia di composti chimici sintetizzati per la prima volta nel 1881 a partire dal petrolio e dal catrame. Grazie all'elevata stabilità chimica, che li rende sostanzialmente ininfiammabili, e alle notevoli proprietà di isolamento elettrico e termico, per circa mezzo secolo sono stati ampiamente utilizzati come elasticizzanti, plastificanti e additivi ignifughi nella produzione di trasformatori elettrici e condensatori, antiparassitari e vernici. Dalla loro invenzione agli anni ottanta, quando in molti paesi ne è stata vietata la produzione e poi l'uso, secondo la Commissione Europea ne sono state prodotte oltre un milione di tonnellate. I PCB nel tempo si sono rivelati altamente persistenti e oggi se ne rintracciano grossi quantitativi nell'ambiente, oltre che all'interno di vecchie apparecchiature elettriche, materie plastiche, edifici. A causa della capacità di accumularsi negli organismi e di penetrare nei sistemi acquatici, i PCB sono considerati grandi inquinanti ambientali, anche perché nel tempo hanno svelato una vasta gamma di effetti tossici sul sistema immunitario, il fegato, il sistema nervoso e i sistemi riproduttivi degli animali.

Nel mondo ci sono oltre 1 milione di tonnellate di PCB altamente inquinanti

Una cascata (del Niagara) di rifiuti

Un nome simile sembrava preludere a scenari da sogno, ma il Love Canal, opera dell'imprenditore William T. Love, si è rivelato piuttosto un terribile incubo. Scavato nel 1890 vicino alla città di Niagara Falls - famosa per le omonime cascate - con lo scopo di abbellire un nuovo quartiere residenziale, questo canale artificiale fu chiuso dopo che il governo americano vietò di deviare l'acqua della cascata per non diminuirne il flusso. Intorno al 1920, fu adibito a discarica di rifiuti urbani e industriali. Negli anni quaranta, la Hooker Electrochemical Company ottenne il permesso di utilizzare il canale per depositarvi i propri rifiuti industriali.

In poco più di dieci anni vi interrò oltre 21.000 tonnellate di sostanze chimiche derivate dalla fabbricazione di coloranti, profumi, solventi per la gomma e resine sintetiche. Una volta riempito interamente, nel 1953 il canale fu interrato e l'anno successivo una lottizzazione dell'area portò alla costruzione di un intero quartiere, compresa case e scuole, sopra l'ex discarica. Ben presto però l'orribile verità venne a galla (è il caso di dirlo): dalle cantine emersero liquidi fetidi e colorati, mentre i terreni sprofondavano dando luogo a laghetti oleosi e putridi, e nei giardini le piante morivano. Anche i residenti iniziarono ad ammalarsi. Intorno alla fine degli anni settanta fu chiaro che il livello di contaminazione era tale da rendere impossibile la vita nell'area. Nel 1978 è iniziata l'evacuazione e il complesso costruito sopra il Love Canal è stato definitivamente chiuso nel 2004.

Il Love Canal: un deposito di rifiuti industriali a due passi dalle cascate del Niagara

Termometri a mercurio

Fino al 2009, anno in cui in Italia furono ritirati dal commercio, tutti i più comuni termometri contenevano mercurio. Erano di vetro e andavano sbattuti un po' prima di utilizzarli, in modo da far scendere il liquido lungo la colonnina graduata e "azzerarli".

Dietro la misurazione della febbre un tempo c'era una piccola magia: un metallo allo stato liquido

A volte si rompevano, facendo uscire quello strano liquido pesante e argenteo, che subito si agglomerava in palline più o meno grandi: il mercurio, l'unico metallo che si trova allo stato liquido a temperatura ambiente. Ma a cosa serviva? Un termometro funziona grazie alla dilatazione termica di un materiale. Quando aumenta la temperatura, il materiale cambia il suo volume e, misurando questa variazione, per esempio in un tubicino di vetro come quello dei termometri, si può "leggere" la temperatura. Di fatto si trasferisce la misura della temperatura in una più facile: quella della lunghezza o del volume. Il mercurio si presta bene, perché ha un elevato coefficiente di espansione termica, rimane liquido in un grande intervallo di temperature e si vede facilmente, consentendo quindi una misura precisa. La dilatazione termica è un fenomeno ben noto ai fisici e ha importanti conseguenze pratiche. Occorre ad esempio tenerne conto nella realizzazione dei binari ferroviari e dei ponti. Osservando un binario si possono facilmente riconoscere i giunti di dilatazione, presenti anche alle estremità dei ponti (spesso ce ne accorgiamo dal lieve sobbalzo che l'auto fa all'inizio e alla fine del ponte).
Ma se funzionavano così bene... come mai i termometri a mercurio sono stati ritirati dal commercio?

Il motivo sta proprio nel mercurio, che è tossico e molto pericoloso, tanto da essere stato inserito dalla Organizzazione Mondiale della Sanità nella top ten dei prodotti chimici più dannosi per l'uomo. Questo metallo, infatti, è tossico sia per inalazione diretta dei vapori, che si sviluppano per esempio quando un termometro si rompe, sia nel caso del suo ingresso nella catena alimentare sotto forma di metilmercurio: in questa forma può danneggiare l'apparato nervoso e quello digestivo, il sistema immunitario e vari organi. Al suo posto oggi nei termometri si usa l'alcool, mentre i termometri digitali non hanno addirittura più bisogno di alcun liquido reagente, dato che determinano la temperatura attraverso una misura di resistenza elettrica.

3

Valgono

e si mettono da parte

Oro dai cellulari? Soldi dalle lattine? Energia dalla cacca e campi da calcio dai pneumatici? Per disfarci dei rifiuti e smaltirli senza inquinare a volte dobbiamo pagare, ma con un po' di fantasia possiamo anche servircene come di una vera e propria miniera. Dal denaro alle materie prime, dalla salute alla qualità della vita al rispetto dell'ambiente, i rifiuti producono valore in molti modi diversi e sono pieni di sorprese. Il loro mercato, soprattutto quando li differenziamo, è in continua crescita e sarà uno dei protagonisti dell'economia del futuro.

Economia circolare

La notizia non è passata inosservata: il consumo dei cereali per la prima colazione negli Stati Uniti sta calando significativamente. Lo riporta un'indagine della IBISworld, un'azienda specializzata in analisi di mercato, secondo la quale le vendite di cereali negli Stati Uniti nel 2016 si assestano sui 10,6 miliardi di dollari, il 17 per cento in meno rispetto ai 12,7 miliardi del 2009. Il trend non è trascurabile, sia per le cifre in gioco sia per i suoi risvolti sociologici. Nel Stati Uniti latte e cereali, in termini di popolarità, facevano parte fino a pochi anni fa di un connubio molto simile al nostro pane burro e marmellata, e questi dati indicano un cambiamento delle abitudini delle famiglie americane. Cosa succede a colazione nelle case oltreoceano? La ricerca della IBISworld analizza i fattori che potrebbero essere

Nel 2016, riciclando la plastica, l'Italia ha risparmiato **9700 GWh** di energia

alla base di questa tendenza, tra cui una maggiore attenzione per un'alimentazione salutistica, diversi stili di vita e di lavoro, minore disponibilità di tempo per la colazione. Curiose le motivazioni della fascia di clienti tra i 18 e i 34 anni - i cosiddetti millennials - rilevate da un'altra indagine di mercato. Fino a pochi anni fa erano proprio loro i maggiori consumatori di cereali; oggi però il 39 per cento afferma che mangiare latte e cereali è poco comodo... perché poi bisogna lavare le ciotole in cui si consumano! La risposta non è solo curiosa, ma evidenzia un problema serio: la nostra economia e il nostro modo di vivere si fondano sempre più sull'usa e getta. Acquisto, uso, butto via. È la cosiddetta *economia lineare*, basata sul presupposto che i beni che usiamo debbano seguire un ciclo di vita limitato, che si apre con l'ottenimento delle materie prime, prosegue con la loro

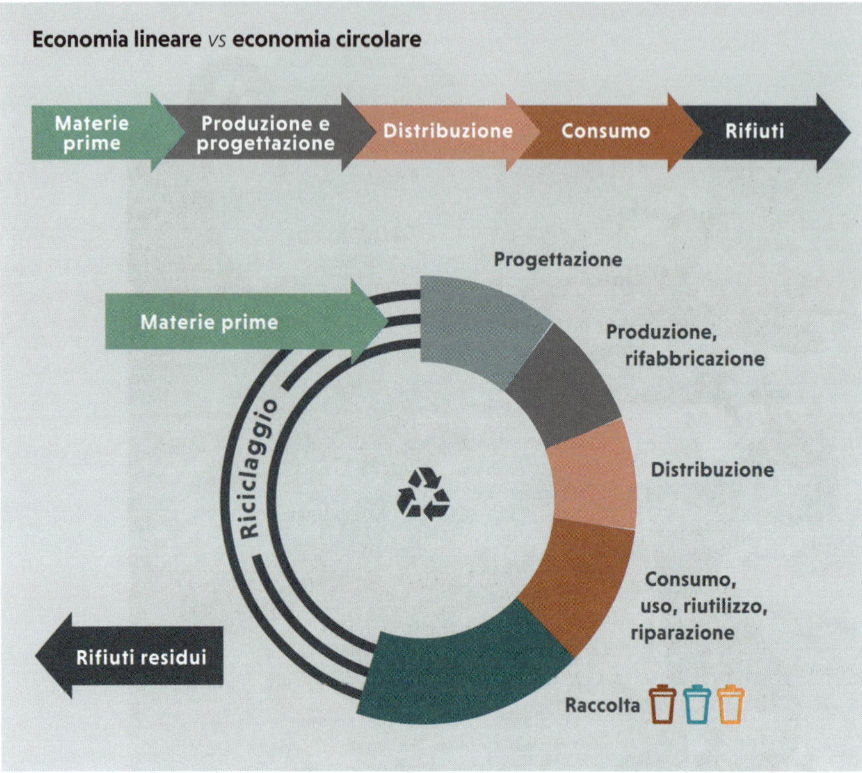

trasformazione in prodotti utilizzati dai consumatori (intermedi e finali) e si chiude con lo smaltimento e l'eliminazione sia degli scarti sia dei prodotti stessi (dopo qualche tempo a loro volta trasformati in rifiuti) dal processo economico. Le parole d'ordine di questo modello economico, che ha origine negli

La nuova sfida, oggi, è far curvare l'economia, per renderla circolare

Stati Uniti intorno agli anni trenta del Novecento, sono *take, make, dispose*: prendi, consuma, getta. L'assunto di partenza è che le risorse siano sostanzialmente illimitate, sempre disponibili, facili da trovare e anche da eliminare a fine vita o quando non servono più. È una filosofia secondo la quale ogni bene e ogni prodotto hanno un inizio e una fine, e prima arriva questa fine meglio è, così si può (anzi si deve) ricomprare il bene. Oggi però il modello dell'economia

lineare è in crisi. I motivi sono numerosi e sotto gli occhi di tutti: saccheggio di risorse naturali non rinnovabili, inquinamento, cambiamenti climatici, perdita di biodiversità, impoverimento della qualità del territorio, aumento esponenziale della produzione di rifiuti e riduzione dello spazio destinato a raccoglierli. Solo per fare gli esempi più macroscopici. Modificare il funzionamento di un intero sistema produttivo di un intero modello economico può apparire impossibile. E allora? Una possibile risposta a queste sfide è... curvare. Passare, cioè, all'economia circolare. Un modello economico pensato per potersi rigenerare, per essere rinnovabile senza depauperare il pianeta e i suoi abitanti, che ha tra i suoi scopi principali quello di mantenere il più a lungo possibile i prodotti e i materiali in condizioni di massima utilizzabilità, preservando il valore aggiunto delle trasformazioni e riducendo la creazione di rifiuti. Un ciclo continuo e positivo, che conserva e non spreca. La rigenerazione avviene attraverso due flussi: quello dei materiali biologici, in grado di essere reintegrati nella biosfera, e quello dei materiali tecnici, destinati ad essere riutilizzati, senza quindi perdere il loro valore e senza entrare nella biosfera sotto forma di rifiuti. Nell'economia circolare, la filiera di produzione e utilizzo viene ripensata fin dall'inizio: un prodotto deve essere ideato non solo per essere venduto, utilizzato e poi buttato, ma anche per essere riusato, riciclato o rivitalizzato. Dal design del prodotto ai nuovi business e modelli di mercato, dai nuovi modi di trasformare i rifiuti in risorse ai nuovi comportamenti del consumatore, l'economia circolare implica un cambiamento generale del sistema e scommette sull'innovazione tecnologica, l'organizzazione, il cambiamento dei modelli sociali e delle politiche finanziarie, arrivando a coinvolgere tutti i livelli di governance. L'economia circolare torna insomma un po' ai valori dei nostri nonni e bisnonni contadini, che compravano e sprecavano meno, buttavano via pochissimo ma in compenso aggiustavano, sostituivano, usavano gli scarti del cibo (quando ce n'erano) per gli animali o per fertilizzare, gli oggetti rotti per aggiustare quelli che ancora si potevano usare.
Non è detto che per questo fossero meno felici. Anzi.

In Italia,
il tasso di riciclo
del vetro è del
71,4%

Italia: ogni fine è un nuovo inizio

C'è un treno speciale che dal 1988 ogni anno gira l'Italia: il Treno Verde, un convoglio promosso da Legambiente e Ferrovie dello Stato Italiane, che fa tappa nelle maggiori stazioni del paese per promuovere la sostenibilità ambientale e la vivibilità del nostro territorio attraverso mostre, eventi e varie altre iniziative che partono dal basso, dalle persone, dalla condivisione. L'edizione 2017 del Treno Verde ha avuto come tema centrale l'economia circolare, con lo scopo di portare avanti un'indagine sulle aziende che la mettono in pratica, valorizzandole. Le iniziative italiane che vanno in quella direzione non sono poche: la mappa interattiva consultabile sul sito di Treno Verde (www.trenoverde.it) ne descrive ben 107. Si va dai pneumatici ai pannolini, dal riuso alla trasformazione dei rifiuti della produzione alimentare in materie prime seconde.

In Italia ci sono oltre 100 iniziative di economia circolare

Stando ai dati di Treno Verde, il 65 per cento di queste iniziative che promuovono l'economia circolare riduce l'utilizzo di materie prime vergini, il 53 per cento limita la produzione di rifiuti e il 4 per cento risparmia risorse (acqua, energia e materie prime) nella sua attività. Pescando nel paniere delle imprese "circolari" si scopre anche che il 43 per cento produce materie prime seconde, il 34 le utilizza nell'ambito dei suoi processi produttivi e il 36 riusa e riutilizza prodotti per evitare che diventino rifiuti. E noi, nel nostro piccolo, di quale settore dell'economia circolare facciamo o potremmo fare parte?

La raccolta differenziata in Italia

Percentuale di raccolta differenziata nel 2016 per ogni regione

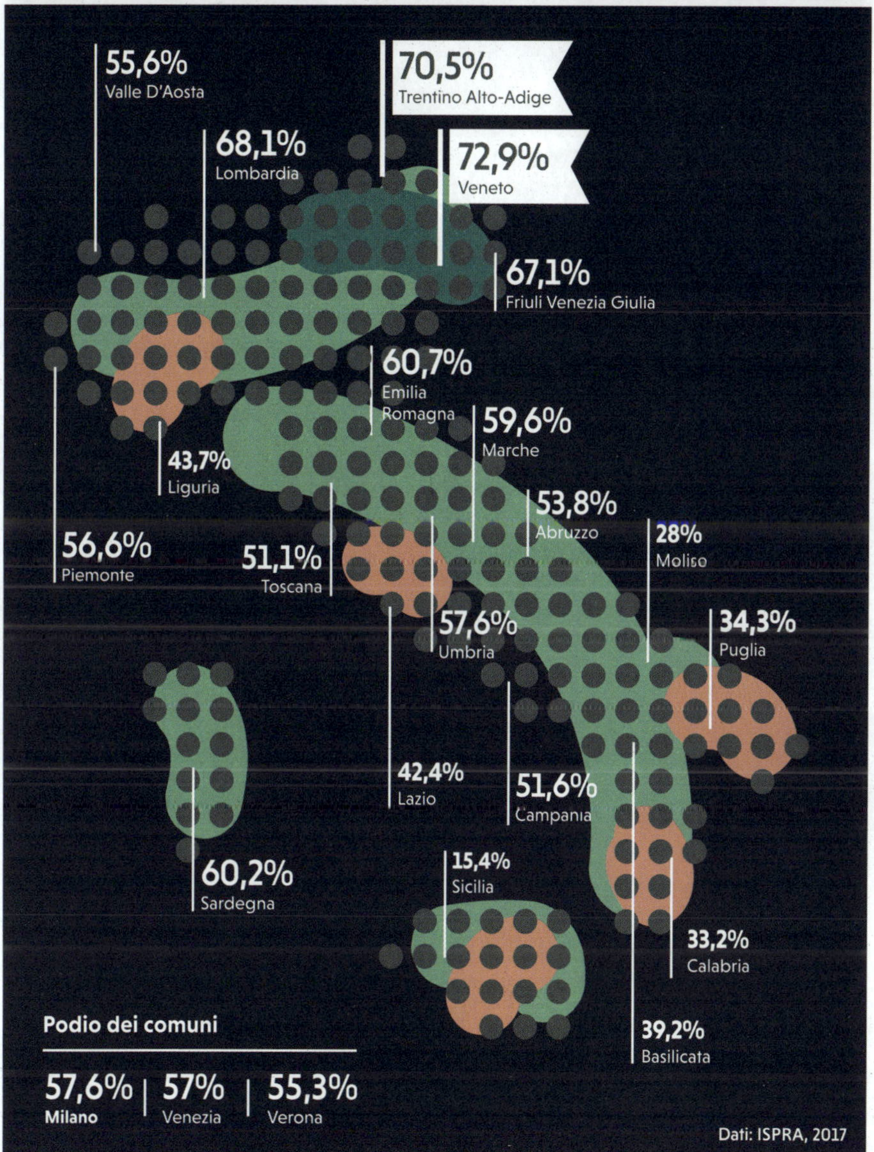

Materie prime e materie prime seconde

Si definiscono *materie prime* quei materiali ottenuti dallo sfruttamento delle risorse naturali, indispensabili per la produzione di altri beni attraverso lavorazioni o processi industriali. In base alla loro provenienza possono essere materie prime agricole, minerarie, alimentari o industriali e più in generale si distinguono in rinnovabili (tra cui i prodotti di origine vegetale e animale) e non rinnovabili (tra cui i combustibili fossili e le materie prime minerarie).

Si definiscono invece *materie prime seconde* i materiali derivati dal recupero e dal riciclaggio dei rifiuti o da residui della lavorazione delle materie prime. La plastica, il vetro o l'alluminio (solo per fare qualche esempio), opportunamente riciclati e pronti per essere riutilizzati e trasformati in nuovi beni, sono un classico esempio di materie prime seconde.

Quanto valgono le materie prime... seconde

La plastica PET nuova vale circa **800 euro a tonnellata**

La plastica PET riciclata vale tra i **298** e i **369 euro a tonnellata**

Dati: Corepla, 2015

Pneumatici e campi da calcio

Quanta strada ha fatto un campo da calcetto in erba sintetica? E un pannello insonorizzante? Un cordolo? Se sono ottenuti da gomma riciclata proveniente da vecchi pneumatici, probabilmente moltissima, e altrettanta ne ha fatta l'economia circolare anche in questo settore da quando nel 2011 è stata costituita la società senza scopo di lucro Ecopneus. La società è composta dai principali produttori di pneumatici operanti in Italia e ha lo scopo di rintracciare, raccogliere,

Dal **2011** ad oggi

Ecopneus ha raccolto e recuperato **oltre 1 milione** di tonnellate di pneumatici trattare e recuperare i Pneumatici Fuori Uso (PFU). Quando cambiamo una ruota, o l'intera automobile, non capita quasi mai di pensarci, ma i vecchi pneumatici sono un rifiuto molto difficile da trattare. La gomma bruciata genera emissioni tossiche e non è smaltibile in discarica, è scarsamente biodegradabile e facilmente infiammabile e, se abbandonata all'aperto, favorisce il ristagno di acqua nelle sue camere d'aria, diventando un ottimo habitat per gli insetti. Non parliamo di piccole cifre: dal settembre 2011 ad oggi, Ecopneus ha raccolto e recuperato oltre un milione di tonnellate di pneumatici e, ogni giorno - in base ai dati raccolti dalla società che ha anche l'obbligo di riferire alle autorità in merito al suo operato -, ne lavora mediamente più di mille tonnellate. Se messi in fila, tutti questi copertoni formerebbero una fila lunga circa 40 chilometri! Dopo averli recuperati e stoccati, i vecchi pneumatici vengono "stallonati", ovvero separati dagli anelli in acciaio (comunemente detti cerchioni) e poi frantumati. I pezzetti risultanti, oltre alla gomma, contengono frammenti tessili e metallici che sono poi separati con trattamenti fisici o meccanici. Alla fine, i pezzetti vengono fusi o riutilizzati separatamente in molti modi, per esempio per realizzare campi da gioco per adulti e bambini o pannelli insonorizzanti, asfalti impermeabili, elementi di arredo urbano, o per la sicurezza stradale. La gomma, anche miscelata ad altri materiali, attutisce gli urti, impermeabilizza, riduce i rumori e aumenta la vita media delle infrastrutture con essa realizzate (per esempio i manti stradali). Il mercato potenziale è enorme e i benefici ambientali ed economici sono notevoli; eppure, malgrado tutto, ancora oggi oltre il 60 per cento dei PFU viene bruciato per ricavare energia, principalmente in aziende di produzione del cemento, in Italia e all'estero. La strada da fare rimane quindi ancora molta.

Ottenere un campo da calcio dai penumatici si può, ma ancora in troppi non li recuperano e li smaltiscono con mezzi nocivi

Orange fiber

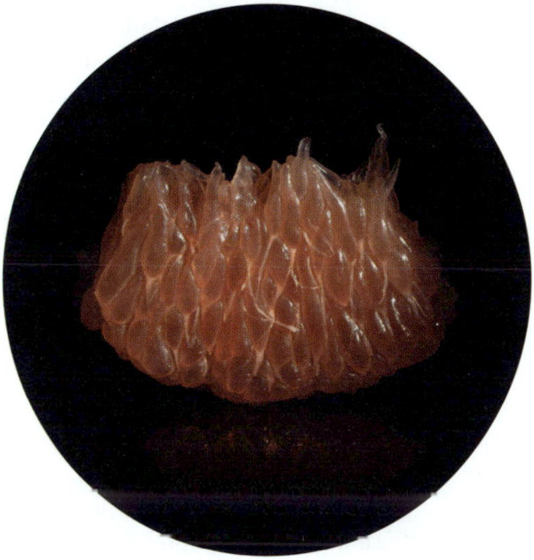

Quando l'economia circolare incontra addirittura l'alta moda e il rifiuto si trasforma in pregiata risorsa, il cerchio dalla produzione al consumo si chiude e assume la forma più tondeggiante che ci sia: quella dell'arancia. Il merito va a Orange Fiber, giovane e pluripremiata azienda catanese nata dall'intuizione della ricercatrice Adriana Santonocito e di Enrica Arena, che hanno brevettato un processo per ottenere fibra tessile a partire dal *pastazzo*, ovvero dai residui umidi della spremitura dell'arancio. In Italia, e in particolare nell'isola della Conca d'oro in cui non a caso ha sede l'azienda, si tratta di un rifiuto particolarmente abbondante: circa un milione di tonnellate all'anno prodotte dalla lavorazione industriale degli agrumi. Il *pastazzo* rappresenta circa il 50 per cento del peso della frutta processata ed è un rifiuto particolarmente ingombrante e difficile da smaltire, di cui a varie riprese si è cercato di immaginare il riuso come fertilizzante in agricoltura, come mangime per animali o come additivo per l'alimentazione umana. Con scarsi risultati. Riutilizzato in parte per la produzione di biogas, oggi il *pastazzo*, grazie alle ricerche della Santonocito, viene prima trasformato in cellulosa da un'azienda di Caltagirone, poi in filato e in seguito in tessuto. Se ne ricava un materiale particolarmente gradevole al tatto e simile alla seta, che ha già attirato l'attenzione degli stilisti e che Ferragamo, nel 2017, ha utilizzato per una linea esclusiva delle sue creazioni. La ricerca non si ferma. In futuro, grazie alle sue proprietà vitaminiche, la fibra ricavata dall'arancio potrebbe addirittura rivelare benefiche proprietà per la pelle.

Per fare un tavolo ci vuole...

In giro per il mondo ci sono quasi tanti pallet per il trasporto di merci quanti abitanti. Secondo alcune stime, Unione Europea e Stati Uniti da soli ne hanno in circolazione circa cinque miliardi. Invisibili ai più, in realtà i pallet - "palette di carico", in italiano - muovono il mondo, secondo un'incisiva metafora («Pallets move the world») scritta alla base di una statua all'ingresso del Brooks Center, centro di ricerca dell'università Virginia Tech per lo studio dei sistemi d'imballaggio. La maggior parte di queste palette è ancora oggi fatta di legno, materiale prezioso e adatto a mille usi e quindi anche a nuove vite dopo ogni utilizzo.

Non c'è da stupirsi quindi che il settore del loro riuso sia in crescita. Basta una ricerca su internet per rendersene conto e magari per trovare qualche idea da realizzare nel fine settimana: tra i più popolari ci sono i progetti per il riutilizzo di pallet per costruire mobili, ma il sito web 1001pallets.com - solo per fare un esempio - propone una miriade di altre possibilità.
Sul riuso del legno, ma non solo, ha puntato anche Enel Green Power applicando il principio di economia circolare e creazione di valore condiviso. Uno dei progetti intrapresi dal gruppo dedicato alla produzione di energia da fonti rinnovabili mira, infatti, al riutilizzo dei pallet su cui sono trasportati i pannelli solari e i cavi per la costruzione dei parchi fotovoltaici. Avviene così che negli impianti in Brasile, Sudafrica e Messico, i pallet, le bobine e altri materiali di scarto del parco solare diventino oggetti di tutti i giorni. Le comunità locali sono formate per le attività di falegnameria e con i pallet costruiscono cestini per la raccolta differenziata, panchine, sedie, mobili e persino giocattoli che vendono a scuole, associazioni e altre strutture sociali.

Pelle di vino

Prima che ve ne accorgiate, potreste indossare anche voi una cintura o una borsa di pelle realizzata con bucce, semi e raspi d'uva. All'aspetto e al tatto, la nuova pelle completamente vegetale, ideata e prodotta da Gianpiero Tessitore e dalla Vegea srl di Rovereto, è del tutto simile a quella animale, dunque non è semplice da distinguere. Per il pianeta e per alcuni animali, però, potrebbe fare una certa differenza, dato che questo nuovo materiale, ribattezzato *wine leather* ("pelle di vino"), come dice il nome è ricavato dagli scarti della lavorazione dell'uva e totalmente *cruelty free*, dunque nessun animale è stato ucciso per produrlo.

Ogni anno nel mondo si producono 26 miliardi di litri di vino, da cui si ricavano, come sottoprodotto, quasi 7 miliardi di chili di vinaccia. Il nuovo trattamento brevettato delle fibre e degli oli della vinaccia consente di trasformarla in pelle vegetale, un materiale che sembra pensato apposta per i vegani e gli animalisti più convinti, ma che, al contrario delle pelli sintetiche o delle cosiddette ecopelli, si produce senza una goccia di petrolio. In più, risolve il problema degli scarti della vendemmia.

Il nuovo materiale rischierebbe comunque di avere strenui oppositori tra gli amanti della grappa, non fosse per la rassicurazione fondamentale che arriva dai produttori: una produzione non esclude l'altra.

Con le vinacce di scarto della vendemmia non si fa solo la grappa. Da oggi anche borse e borsette

Dura vita per i ladri

Con 800 lattine si costruisce una riciclettaⓇ. Non è un errore di stampa, ma il nome di una bicicletta costruita con alluminio riciclato che il CiAl, il Consorzio Imballaggi Alluminio utilizza per promuovere il riutilizzo di questo importante metallo, attività nella quale l'Italia vince la medaglia d'oro in Europa con oltre 927.000 tonnellate di rottami trattati. L'alluminio è riciclabile al 100 per cento, e non è il solo. Con lui c'è il rame, uno tra i più antichi metalli usati dall'uomo. I primi manufatti di rame puro ritrovati risalgono al 10.000 a.C circa e le prime estrazione minerarie con relative fusioni vengono datate al quinto secolo a.C. Il nome latino di questo elemento (*Cuprum*, da cui il simbolo chimico Cu) deriva dall'isola di Cipro, nella quale i romani lo estraevano. Il rame è un ottimo conduttore di elettricità, non è magnetico, si ossida molto lentamente in aria umida, è molto duttile e ha quindi moltissime applicazioni tecnologiche, soprattutto nel campo dell'elettrotecnica e dell'elettronica. Grazie a queste sue proprietà e alla crescente richiesta da parte dei paesi in via di sviluppo, il rame ha un valore commerciale elevato: circa sei euro al chilogrammo. Ciò lo rende anche protagonista della cronaca nera, giacché spesso oggetto di furti che sono però fortunatamente in calo. Secondo i dati del Ministero dell'Interno, nei primi 10 mesi del 2016 i furti di rame – principalmente sotto forma di fili, che spesso compromettono servizi pubblici essenziali come i trasporti e le forniture elettriche – hanno fatto registrare una diminuzione del 45,4 per cento rispetto all'analogo periodo del 2015.

Ha origini antichissime ma un uso attuale. Il rame è un materiale molto ambito

Una miniera d'oro tra le mani

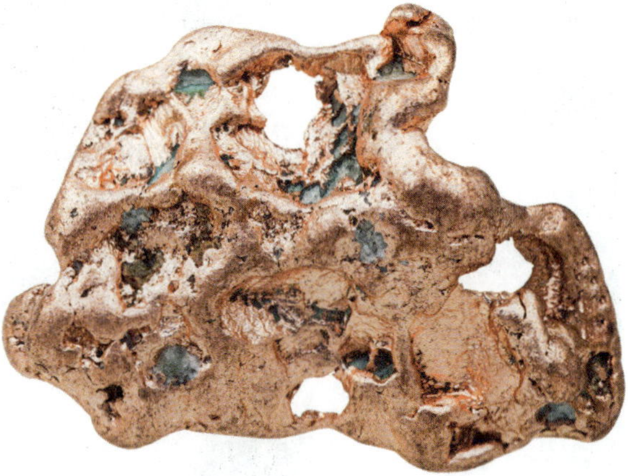

Per estrarre un grammo d'oro da una miniera occorre circa una tonnellata di minerale. Questa affermazione è attribuita da un comunicato stampa datato 2 luglio 2014 all'allora Commissario europeo all'Ambiente, Janez Potočnik, e non avrebbe certo attirato l'attenzione dei giornalisti se non fosse stato per l'affermazione successiva: «ma si può ottenere lo stesso quantitativo d'oro riciclando il materiale contenuto in 41 telefoni cellulari». Il dato è supportato da varie fonti autorevoli, tra cui l'Istituto di studi avanzati di sostenibilità della United Nations University (UNU-IAS) che, in un suo rapporto, stima che il contenuto d'oro dei rifiuti elettronici prodotti nel mondo nel 2014 ammonti a circa 300 tonnellate, il che rappresenta circa l'11 per cento dell'oro prodotto dalle miniere nel 2013 (2770 tonnellate), cui si sommano 1000 tonnellate di argento, 100 di palladio, 16.500.000 di ferro, 1.900.000 di rame e 22.000 di alluminio, per un valore stimato di circa 35 miliardi di euro.

Ecco perché i rifiuti elettronici vengono spesso definiti miniere urbane, e la loro gestione coinvolge problematiche assai complesse. In ogni caso, meglio pensarci bene prima di buttare nel secchio il nostro vecchio cellulare!

Distributore di bottiglie... a rovescio

Una macchina che mangia bottiglie e restituisce denaro: esattamente l'opposto di un distributore automatico di bibite. Nulla di strano, almeno in Germania, dove questo tipo di dispositivi sono onnipresenti nei supermercati, nelle mense e in moltissimi luoghi pubblici. Si tratta di macchine che hanno al loro interno un concentrato di tecnologia e che promuovono il riutilizzo e il riciclo di bottiglie e vasetti vari. Il principio è semplice:

Dare un prezzo all'imballaggio? Riciclare non è mai stato così vantaggioso e semplice

quando si acquista un prodotto in bottiglia o in vasetto (birra, yogurt, bibite ecc.) oltre al prezzo stabilito dal venditore si paga anche il contenitore. Il costo del contenitore viene rimborsato quando questo viene restituito, vuoto. E qui entrano in gioco le macchine "mangia bottiglie", che consentono una raccolta rapida ed efficiente e restituiscono al cliente un buono che può essere speso al supermercato o cambiato in denaro contante alle casse. Le macchine hanno un'apertura circolare, dove si introduce il contenitore in orizzontale. Grazie a un nastro trasportatore, il contenitore viene spostato all'interno, dove prima di tutto una bilancia verifica che sia vuoto, rispedendolo fuori in caso negativo. Poi un insieme di sistemi di rilevamento ottico controlla il codice a barre, l'etichetta, i contorni e la forma della bottiglia per riconoscere prima di tutto se appartenga al database di prodotti riciclabili e accettati dal venditore. Se la valutazione è positiva, un ulteriore sistema di controllo divide le bottiglie da riciclare (tipicamente di plastica), che vengono compattate, da quelle da riutilizzare (di vetro), che sono invece immagazzinate intere. Gli ecocompattatori di bottiglie sono strumenti efficaci per stimolare comportamenti virtuosi: una bottiglia vuota di acqua minerale può valere anche 25 centesimi, chi la getterebbe per strada? In Germania i dispositivi di questo tipo sono varie decine di migliaia e cominciano a prendere piede anche in altri paesi.

Differenziare paga

Nel 2016 il consorzio Corepla ha riconosciuto ai Comuni (o ai loro operatori delegati) 279 i milioni di euro a copertura dei maggiori oneri sostenuti per l'effettuazione dei servizi di raccolta differenziata degli imballaggi in plastica.

Dati: Corepla 2017

Combustibili fossili

Da carbonio, petrolio e gas naturale si ricava oggi nel mondo circa l'ottanta per cento dell'energia primaria. Questi tre combustibili sono detti fossili, dal latino *fossilis*, "ciò che si ottiene scavando", a sua volta derivato dal verbo *fodere*, scavare, proprio come la parola italiana *fosso*.
Il termine *fossile* in geologia si riferisce genericamente a ogni resto di organismo vegetale o animale conservato nella crosta terrestre e vissuto quindi in epoche passate.
I protagonisti del nostro attuale paniere energetico sono infatti piante e animali preistorici vissuti centinaia di milioni di anni fa.
Quando questi antichi esseri viventi morirono vennero sepolti da strati di fango, rocce e sabbia, al di sopra dei quali talvolta si formarono mari e corsi d'acqua e lentamente, nel corso di milioni di anni, si

decomposero e andarono a formare i diversi combustibili fossili. Petrolio e gas, ad esempio, originano da organismi che vivevano nell'acqua - ad esempio alghe e protoplancton. L'azione combinata del calore sotterraneo, dei batteri e della pressione degli strati che li seppellivano si può dire li abbiano "cucinati", producendo il petrolio e, in stati ancora più profondi dove la temperatura era più elevata, il gas naturale. Un'azione simile ha creato il carbone, la cui "materia prima" erano invece alberi e piante. Spesso i bacini dove si formò il carbone erano ricoperti da acqua marina; quando questi mari si ritirarono, lo zolfo contenuto nell'acqua rimase nel carbone. Oggi lo zolfo costituisce uno dei principali inquinanti da controllare nella combustione del carbone.

Scavando nella crosta terrestre si trovano rifiuti preziosi: sono i combustibili fossili

Carbonio

Regalare un diamante o una matita non è esattamente la stessa cosa, né per chi lo riceve né per chi lo acquista. Eppure entrambi sono fatti di carbonio, il sesto elemento della tavola periodica. Anzi, precisamente sono due forme, o allotropi, di questo elemento. La grafite, di cui sono fatte le mine delle matite, è una delle sue forme più morbide, ed è usata anche come moderatore di neutroni in alcuni tipi di reattori nucleari, come lubrificante e (sotto forma di grafene) per futuribili applicazioni elettroniche. Il diamante è uno degli allotropi più duri, ed è utilizzato in gioielleria, ma anche in varie applicazioni industriali come strumenti da taglio e fresatura. Il carbonio viene utilizzato anche in metallurgia, dove è aggiunto in piccole percentuali al ferro per produrre l'acciaio o la ghisa (nella quale si usa in percentuali superiori al 2%), e per applicazioni meccaniche. Insieme al kevlar, una fibra sintetica, si usa nelle strutture di aeroplani, auto da corsa, biciclette e in altri attrezzi sportivi, sia per la sua resistenza sia per la leggerezza.

Fare i soldi al gabinetto per una buona causa

Cerchi un'idea per arrotondare lo stipendio e allo stesso tempo aiutare qualcuno a stare meglio? Se hai tra i 18 e i 50 anni, godi di ottima salute e sei in buona forma fisica, la statunitense OpenBiome ha quel che fa per te. A patto di avere un intestino regolare. Questa è infatti la condizione essenziale - oltre che sottoporsi a un check-up medico preliminare che include analisi del sangue e delle feci - per diventare donatore di cacca e "cambiare la vita di un paziente", come recita il motto della società. Nata dall'idea di un gruppo di studenti di medicina, OpenBiome - come si legge nel suo sito - è una banca delle feci e risponde alle esigenze degli oltre 500.000 americani che ogni anno sono attaccati da *Clostridium difficile* o soffrono di altri disturbi batterici del colon, che gli antibiotici non riescono a curare. Il *Clostridium difficile* è un batterio patogeno che può vivere nel colon umano e che dà origine a tossine che causano diarrea e infiammazioni intestinali. Fu identificato da due scienziati americani, Hall e O'Tool, che pubblicarono i risultati delle loro ricerche nel febbraio del 1935. Tipicamente viene curato con gli antibiotici, ma il trattamento non è privo di controindicazioni.

In un intestino sano, il *Clostridium difficile* è in competizione con altre specie batteriche che lo tengono sotto controllo e che aiutano l'organismo; gli antibiotici fanno piazza pulita di questo ecosistema batterico e possono produrre delle spore molto resistenti, che lasciano il *Clostridium difficile* privo dei suoi naturali antagonisti e possono causare squilibri anche gravi. Secondo OpenBiome ci sono ricadute addirittura in un paziente su cinque, tra quelli trattati con antibiotici. Il trapianto di feci (*Fecal Microbiota Transplant* - FMT) pare essere un'efficace alternativa: in

Microbiota umano

Il microbiota è l'insieme dei microrganismi presenti nel nostro apparato digerente: batteri, funghi, virus che convivono con noi e che hanno un ruolo fondamentale per il nostro sistema immunitario.

Chi vuole diventare donatore di cacca? Negli Stati Uniti si può: la causa è molto nobile e si può persino averne dei vantaggi economici

breve, delle feci di un donatore sano sono trapiantate nell'intestino di un malato. Come il trapianto funzioni non è stato ancora del tutto capito, ma si pensa che le feci sane contribuiscano a ripopolare la flora batterica (tecnicamente parte del microbiota) del paziente con i batteri che combattono il *Clostridium difficile*. Le possibilità di guarigione con un trapianto fecale sono stimate intorno all'80-90 per cento e il numero di trattamenti è in forte crescita: 7131 nel 2015 contro i 1835 del 2014, con oltre 300 chilogrammi di cacca trattata a fini terapeutici. La tecnica pare attrarre un crescente interesse nella comunità medica e la Food and Drug Administration americana ha cominciato a regolamentarla dal 2013 (anche università e ospedali italiani hanno cominciato a utilizzarla). Da fine 2015 sono disponibili anche le capsule, un'alternativa al trapianto via colonscopia. Partita dunque la caccia ai donatori. La società paga 40 dollari a campione giornaliero e chiede la disponibilità a donare per cinque giorni alla settimana, per almeno 60 giorni, presso una delle sedi di ObenBiome in Massachusetts. Vale a dire 200 dollari a settimana, ovvero - per chi prende la cosa molto sul serio - 10.000 l'anno. Si dice che pestare la cacca porti fortuna: magari è vero, ma farla nel posto giusto può essere persino meglio!

Clostridium difficile

Batterio patogeno che può vivere nel colon umano e che dà origine a tossine che causano diarrea e infiammazioni intestinali.

La cosa **più importante** che farai ogni giorno!

Quantità di cacca	Pazienti trattati
50 gr	1
100 gr	2
150 gr	3
200 gr	4
250 gr	5
300 gr	6
350 gr	7
400 gr	8
450 gr	9

Dati: OpenBiome

L'energia della cacca vale miliardi

Vale tanto oro quanto pesa. O quasi. Quando si pensa a un possibile soggetto di questa frase difficilmente viene in mente la cacca. Eppure, secondo uno studio dell'Istituto per l'acqua, l'ambiente e la salute della United Nations University (UNU-INWEH) le feci umane prodotte nel mondo in un anno, se adeguatamente riciclate come combustibili, potrebbero valere fino a 9,5 miliardi di dollari. Partiamo dai dati. Anche se ci sono valutazioni diverse e una certa variabilità dei risultati - dovuta a fattori come peso corporeo, genere e dieta -, si può affermare con qualche sicurezza che un essere umano produce in media circa 130 grammi di feci al giorno (128, per la precisione, è il numero riportato in un recente articolo pubblicato da un gruppo di studiosi inglesi nella rivista "Critical Reviews in Environmental Science and Technology"). Moltiplicando per 365 giorni e per 7 miliardi di abitanti, fa 327 miliardi all'anno prodotti sulla terra. Numero ragguardevole e che potrebbe

I nostri escrementi sono ricchi di elementi preziosi, ricicliamoli!

essere derubricato a curiosità se non fosse che i nostri escrementi contengono sostanze nutrienti e sono una sorgente di energia. Innanzitutto, durante la digestione anaerobica delle feci, ovvero la loro degradazione da parte di microorganismi in condizioni di assenza di ossigeno molecolare, viene prodotto biogas. Biogas che al 60 per cento è composto da metano e che, secondo la ricerca prima citata, ha un contenuto calorico medio di 25 megajoule al metro cubo, non molto inferiore a quello del gas naturale (38 megajoule al metro cubo). Il residuo secco degli escrementi può essere bruciato e ha un contenuto energetico simile a quello del carbone. Anche il valore dei nostri escrementi liquidi non è da meno. Secondo una ricerca basata su un campione di popolazione svedese e citata nel rapporto UNU-INWEH, un metro cubo di urina umana contiene circa 3,6 chilogrammi di azoto, 310 grammi di fosforo, 900 grammi di potassio e 300 grammi di zolfo, tutti elementi preziosi come l'oro per la produzione di fertilizzanti o per uso diretto (una direttiva dell'Organizzazione Mondiale della Sanità regola l'uso sicuro di escrementi in agricoltura). Se tutte le feci del pianeta fossero trasformate in biogas, avrebbero un valore di vari miliardi di dollari. Scenario ambizioso e non semplice da realizzare, per vari motivi. Psicologici in primis: la barriera emotiva nell'usare i nostri escrementi non è piccola.
C'è poi anche un motivo legato alla sicurezza d'uso di combustibili solidi di questo genere, che vanno collaudati con attenzione, e al fatto che gli scarichi fognari possono contenere anche prodotti chimici non adatti a un uso domestico.
Ciò nonostante i vantaggi vanno ben oltre quelli meramente economici e spingono a continuare le ricerche in questo campo: il programma Waste to Health ("dai rifiuti alla salute") cui lo studio sopra citato fa riferimento intravede infatti la possibilità di utilizzare il riciclo degli escrementi come uno strumento innovativo, modulare e decentralizzato e quindi adatto a realtà rurali e a piccoli centri urbani, per attirare investimenti e interessi che contribuiscano a risolvere il grave problema della mancanza di servizi igienici.

Poo WiFi

A Città del Messico la cacca del tuo cane vale tanti byte quanto pesa. Letteralmente. Anche la capitale messicana si trova a fronteggiare l'annoso problema dei proprietari maleducati che non raccolgono i bisogni del loro fedele quattrozampe. Ed è per questo che la compagnia telefonica Terra ha pensato di farsi pubblicità in modo innovativo, installando nei parchi cittadini un particolare sistema per la raccolta delle cacche di cani, chiamato Poo WiFi.

Si tratta di un tecnologico contenitore che pesa automaticamente il sacchettino di escrementi inserito dal proprietario del cane e – grazie a un sistema connesso alla rete mobile di Terra – in cambio elargisce una connessione Wi-Fi gratuita nei dintorni del contenitore stesso, per una durata proporzionale alla quantità di cacca inserita. Mai più senza mail grazie al vostro fedele cagnolino, come assicura il video di presentazione dell'iniziativa. Ma se volete anche guardarvi un film, meglio che invece del Chihuahua vi compriate un San Bernardo!

Come pagarsi la pensione

Considerando che una mucca produce circa dieci tonnellate di cacca all'anno, è certamente un bene che questa possa essere riutilizzata. Il letame bio è anzi un prodotto sempre più ricercato, al punto che a Cavour, in provincia di Torino, è nato il primo allevamento di mucche... da cacca. Alla Farm Serenity Cow trovano ospitalità mucche e cavalli anziani salvati dal macello, che vengono allevati proprio per produrre letame, riutilizzato nell'orto o lavorato e rivenduto. Così mucche e cavalli si pagano la pensione e gli allevatori sperimentano un nuovo modello di business.

Letame take away

Per primo ci aveva pensato l'artista Piero Manzoni, che nel 1961 aveva prodotto 90 scatole di *Merda d'artista*. Adesso invece è la volta del letame che, inscatolato in confezioni da 750 grammi, è finito nientemeno che sugli scaffali dei supermercati. Si chiama Real Shit e la si può acquistare online, da Eataly - locale cult per gli amanti dell'agroalimentare - e in vari

Il letame contiene 3 dei 16 elementi che aiutano le piante a crescere. Una risorsa naturale molto preziosa

negozi in tutto il mondo a poco meno di 6 euro. Più di quanto costi in stalla, dove si può comprare a circa due euro al quintale, ma pur sempre «letame organico di prima qualità» come garantisce l'etichetta. Proposto per concimare orti e giardini, è stato prodotto da mucche e galline, "maturato" per nove mesi e ribaltato almeno sette volte, secondo l'antica tradizione contadina dei "cumuli di letame". Ricco di azoto, fosforo e potassio, 3 elementi tra i 16 che sono essenziali per la crescita di tutte le specie vegetali, il letame è un ottimo fertilizzante e per questo motivo è da secoli una risorsa fondamentale per l'agricoltura. Ma non solo. Nelle zone rurali dell'India, usare sterco secco per cucinare è un'abitudine molto diffusa e anche una pratica tradizionale riservata a particolari cerimonie. Fino a pochi anni fa, questo combustibile a bassissimo costo da bruciare nei tipici forni domestici in pietra era piuttosto semplice da reperire, ma con il passare del tempo e l'aumento della popolazione trovarlo sta diventando sempre più difficile. Così, per procurarsi lo sterco secco che gli occorre, molte famiglie oggi usano semplicemente... internet. Su Amazon, eBay e in molti altri siti spopolano le vendite di *dung cake*, che si possono ricevere a casa per poche rupie. Questi pani di sterco secco sono realizzati a mano dalle donne dei villaggi e in media quando vengono bruciati liberano un potere calorico di circa 2100 kilojoule di energia, l'equivalente di sei centilitri (due bicchierini da whisky) di petrolio. Allo stesso tempo, però, sprigionano anche vari gas tossici, che minacciano la salute di donne e bambini che passano molta parte del loro tempo in casa e in cucine mal areate.

C'è chi la usa persino per cucinare deliziosi pranzetti, ma attenzione: non come ingrediente!

Il business del Perù

La cacca porta fortuna, non solo a pestarla ma anche, anzi soprattutto, a raccoglierla. Per il Perù e alcune isole oceaniche, la raccolta e l'esportazione di guano (così si chiamano gli escrementi di uccelli che possono depositarsi in strati spessi anche decine di metri) rappresenta una delle principali voci dell'export. Il primo europeo ad accorgersi del valore di questa straordinaria risorsa naturale e a scriverne diffusamente fu il naturalista e geografo tedesco Alexander von Humboldt, ai primi dell'Ottocento. Grazie anche alla notorietà che quelle opere gli procurarono, il guano conobbe nel diciannovesimo secolo un'incredibile fortuna e iniziò ad essere esportato.

Per strano che sembri oggi, come ogni business internazionale ricco e ben avviato, anche il guano ha scatenato l'avidità delle nazioni e ha originato guerre, proprio come il caffè, il tè, le spezie, il cacao e, naturalmente, il petrolio. Il controllo sul guano giocò per esempio un ruolo chiave nella guerra per le isole Chincha (1864-1866), combattuta tra la Spagna e un'alleanza tra Perù e Cile. Nel 1856, gli Stati Uniti approvarono il Guano Islands Act, che consentiva ai cittadini americani che ne scoprivano dei depositi sulle isole non ancora registrate di appropriarsene legalmente. Oggi invece questo importante prodotto, dono principalmente di cormorani, pellicani e sule del Perù, è un ottimo esempio di come si può fare business nel rispetto della biodiversità e dell'ambiente. La raccolta di questo fertilizzante naturale e biologico viene effettuata a mano e senza dispositivi meccanici (che spaventerebbero gli uccelli). Anche se è circoscritta a otto mesi l'anno, per non disturbare la riproduzione, le isole in cui c'è maggiore produzione sono sorvegliate da gennaio a dicembre per impedire il bracconaggio e la raccolta illegale. Il Perù, grazie alle sue 21 Guano Islands ("isole del guano"), è di gran lunga il principale produttore ed esportatore di questa materia prima sempre più richiesta dalle coltivazioni biologiche. Per garantirne la quantità e qualità, il governo protegge non solo gli uccelli che la producono ma anche l'ecosistema marino da cui dipende la loro vita, lotta contro il bracconaggio e l'inquinamento ed è attivo contro il sovrasfruttamento delle zone di pesca.

Parola del giorno: guano

Il guano è un tipo di letame particolarmente ricco di fosforo e azoto, derivato dagli escrementi di uccelli e usato in varie parti del mondo come fertilizzante. La parola italiana viene dal quechua (una lingua originaria dei popoli andini) *huanu*, per tramite dello spagnolo *guano*. Gli scavi archeologici hanno dimostrato che le popolazioni andine hanno raccolto guano nelle piccole isole al largo delle coste del Perù per oltre 1500 anni e i documenti dei colonizzatori spagnoli raccontano l'importanza che a questa sostanza preziosa per l'agricoltura era conferita nell'impero Inca: l'accesso alle riserve di guano era regolamentato e il disturbo degli uccelli che lo producono era punito addirittura con la morte.

Questa casa è fatta di plastica

Quasi tutto quello che ci circonda contiene materiali plastici: dai vestiti agli elettrodomestici, dalle automobili all'arredamento per la casa, dalle confezioni per alimenti all'elettronica, questi materiali sono ormai onnipresenti nella vita quotidiana. Al punto che c'è chi ha pensato di usarli per realizzare addirittura case intere. La start up colombiana Conceptos Plásticos (il nome è tutto un programma) recupera rifiuti non smaltibili come imballaggi plastici, copertoni di automobili e residui elettronici e, dopo averli triturati, li fonde insieme in una miscela brevettata con cui costruisce mattoni leggeri, ma resistentissimi, pensati per incastrarsi perfettamente tra loro come mattoncini Lego, creando strutture solide e autoreggenti. I "mattoni" realizzati con questo nuovo materiale hanno uno o più incavi e sporgenze superiori, inferiori e laterali, proprio come i mattoncini del più famoso gioco di costruzioni del mondo o i puzzle tridimensionali. Per tenerli insieme non occorrono malta, sabbia, colla o cemento: i mattoni si incastrano l'uno nell'altro e il gioco è fatto. Le case così costruite sono leggere e termicamente isolate, molto economiche e praticamente fai da te. Conceptos plásticos, che è un collettivo formato da architetti, designer e urbanisti con una forte vocazione sociale e solidale, ha progetti ambiziosi: dare vita a un'architettura sostenibile di massa, ripulendo la Colombia dalla plastica e aiutando migliaia di famiglie povere a costruirsi un tetto (di plastica) sulla testa. I materiali plastici sono oggi il rifiuto più abbondante sul pianeta e anche se alcune nazioni europee come la Svizzera (99,8 per cento), l'Austria (99,6 per cento) e l'Olanda (99,2 per cento) riescono a riciclare o bruciare praticamente tutta quella che usano, per moltissime altre nazioni la situazione è ben diversa e alcuni paesi in via di sviluppo ne sono letteralmente sommersi. La storia della plastica è quella che oggi chiameremmo una storia di successo. Le prime testimonianze dell'uso di gomme derivate da gomme naturali risalgono addirittura al secondo millennio a.C., ma è nei primi anni del Novecento, quando ai polimeri organici si sono affiancate molecole completamente sintetiche dalle prodigiose capacità, che la plastica ha conquistato il mondo. Duttile, resistente ed economica, la plastica - che è un derivato del petrolio - è purtroppo anche "eterna" e così la storia del suo grande successo, scandito da una produzione in continua ascesa che è già passata dal milione e mezzo di tonnellate del 1950 ai circa 322 milioni di tonnellate del 2015, dal punto di vista dell'ambiente si può leggere anche come la storia di una catastrofe senza precedenti. Un po' di colpa è anche nostra, considerato che a dare il via alla produzione industriale della plastica furono le scoperte del premio Nobel per la chimica Giulio Natta, ingegnere italiano inventore del Moplen (polipropilene isotattico), che è ancora una delle materie plastiche più utilizzate al mondo. Di tutta la plastica prodotta dal 1950 a oggi, solo una minima parte è stata riutilizzata, e la maggior parte e finita sotto terra o negli oceani. In pratica quindi, a vivere nella plastica siamo ormai abituati: è già un po' casa nostra.

Una casa fatta di Lego è il sogno di ogni bambino. Ma oggi potrebbe essere una pratica soluzione solidale

4

Producono

energia e materie prime

Produrre rifiuti spesso costa fatica. E costa sempre energia. Oltre al danno anche la beffa, quindi? Per fortuna un birraio inglese e altri scienziati dopo di lui hanno scoperto alcuni principi fondamentali della natura. Si tratta delle leggi della termodinamica, in base alle quali sappiamo che quell'energia si può in parte recuperare sotto altre forme, grazie alla tecnologia e alla creatività.
Talvolta nel corso di queste trasformazioni si producono altri rifiuti, ma ci sono anche casi nei quali ciò non accade.

L'energia non si butta via

Bisogna ammettere che pattumiere e cacca di maiali non sono i primi argomenti che vengono in mente per spiegare i principi della termodinamica. Eppure, proprio letamai e cassonetti dell'umido rappresentano eccellenti esempi sperimentali della conservazione dell'energia, una delle leggi che governano il mondo. Il primo principio della termodinamica dichiara che l'energia non si crea né si distrugge, ma si trasforma passando da una forma a un'altra. Il secondo fissa dei limiti a queste trasformazioni, che possono essere sintetizzati nell'affermazione che il calore non passa mai spontaneamente da un corpo più freddo a uno più caldo. L'umanità sfrutta i principi della termodinamica e ci convive dagli albori della civiltà: l'energia solare utilizzata dalle piante per crescere si trasforma nuovamente in energia disponibile quando queste diventano cibo. In questo modo l'energia del Sole, attraverso una serie di trasformazioni, viene convertita dall'uomo in energia meccanica per muoversi, cacciare, coltivare i campi, costruire utensili. Se si fa un bilancio accurato, dal Sole all'uomo nulla si perde; e naturalmente è così anche nei passaggi intermedi. Oggi questi principi stanno alla base della conversione di fonti di energia primaria - cioè già presenti in natura, come carbone e petrolio, ma anche vento, sole, acqua - in fonti di energia secondarie, quali l'elettricità e i combustibili come il diesel o la benzina, che non sono spontaneamente presenti in natura. E sono anche il fondamento dell'efficienza con la quale possiamo farlo, considerando l'irreversibilità stabilita dal secondo principio di cui in pratica facciamo tutti esperienza dato che una parte della benzina che usiamo in auto viene dissipata in calore (nel motore, nei freni) e non può essere riutilizzata per altri scopi. L'energia si può dunque trasformare e sono proprio le sue trasformazioni a permetterci di utilizzarla per fare quello che ci serve: muoverci, scaldare, raffreddare, comunicare, costruire... Molte di queste azioni sono compiute in tempi diversi e in luoghi anche molto distanti tra loro, mentre la produzione di energia utilizzabile spesso avviene in siti concentrati, come le centrali. L'energia va dunque trasportata ed è fondamentale disporre di vettori in grado di immagazzinarla e renderla disponibile quando e dove serve. Ne esistono di molti tipi: ad esempio i combustibili, che grazie ai legami chimici possono efficaciemente trasportare l'energia dove essere usata. Per tenere insieme gli atomi nelle molecole e costituire i legami chimici, infatti, occorre energia, immagazzinata nelle molecole stesse. Parte di questa energia può essere liberata e resa disponibile, tipicamente sotto forma di calore, quando i legami si rompono durante le reazioni chimiche e le molecole reagenti si trasformano. Un esempio è la combustione del metano: una molecola di metano si combina con due molecole di ossigeno per dare origine a una molecola di anidride carbonica e a due di acqua, e da questo processo si sprigiona energia.

Dal Sole all'uomo nulla si perde: la termodinamica si applica anche ai rifiuti, veri magazzini di energia

Combustibili in scala

C'è energia ed energia. Lo sanno bene le donne e i bambini che nei paesi in via di sviluppo spendono in media dalle nove alle dodici ore alla settimana per raccogliere legna da ardere. O le donne nepalesi, che arrivano a spenderne fino due e mezza al giorno (incidentalmente, pare che gli uomini si fermino a 45 minuti). A noi, per ottenere lo stesso risultato cioè per scaldare il luogo in cui viviamo e cucinare, basta accendere un interruttore o girare una manopola. Perché, anche se in astratto il concetto di energia è unico, in pratica non tutte le fonti energetiche sono equivalenti per l'uso domestico.

L'uso di energia nelle case può essere schematizzato con una scala. Ai gradini più bassi si trovano i combustibili di origine biologica più semplici, come lo sterco, i residui dell'agricoltura, la legna. Salendo si incontrano combustibili fossili come carbone e cherosene; ancora più su, il gas. In cima alla scala si trova la forma più moderna e pulita di energia: l'elettricità. Man mano che si salgono i gradini, le stufe che usano i vari combustibili diventano più pulite, più sicure, più efficienti. Il problema, infatti, non sta solo nel tipo di combustibile ma anche in come viene bruciato. Bruciando la legna, ad esempio, si rilascia particolato, monossido di carbonio, benzene e altre sostanze inquinanti, che possono essere assai pericolose per la salute se la combustione avviene in ambienti scarsamente areati, senza adeguato tiraggio e in maniera poco efficiente. Quando diventano disponibili alternative più "pulite", si salgono dei gradini della scala. Purtroppo però quelli più alti sono ancora inaccessibili a molti. Secondo il World Energy Outlook del 2016, 2,7 miliardi di persone - residenti soprattutto nei paesi asiatici in via di sviluppo e nell'Africa subsahariana e pari al 38 per cento della popolazione mondiale - utilizzano ancora biomasse solide tradizionali per cucinare, mentre 1,2 miliardi non hanno accesso all'elettricità. Tutto ciò ha conseguenze gravissime per la salute: basti pensare che circa 1,3 milioni di persone muoiono prematuramente ogni anno a causa dell'esposizione a inquinanti dell'aria prodotti dalla combustione in ambienti domestici chiusi; si tratta principalmente di donne e bambini, che trascorrono più tempo in casa.

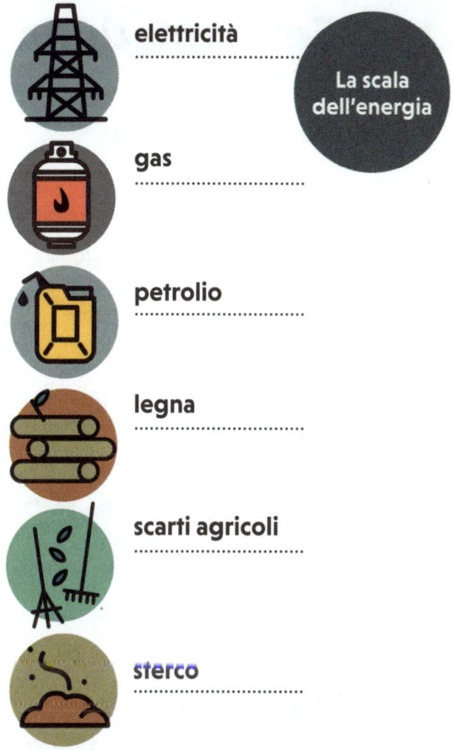

Povertà energetica

La povertà energetica è probabilmente meno nota di altre forme di povertà, ma non meno grave. Consiste nella mancanza d'accesso a moderni servizi energetici, definiti come la disponibilità dell'energia elettrica negli ambienti domestici e di strumenti per cucinare che non causino inquinamento nelle case. L'accesso all'energia, e a energia pulita, è fondamentale per lo sviluppo umano e per la qualità della vita.

Fermentazione bio

Come il biogas genera energia

Gli scarti dell'industria agroalimentare, i residui dell'agricoltura e i rifiuti organici si preparano a diventare energia e calore.

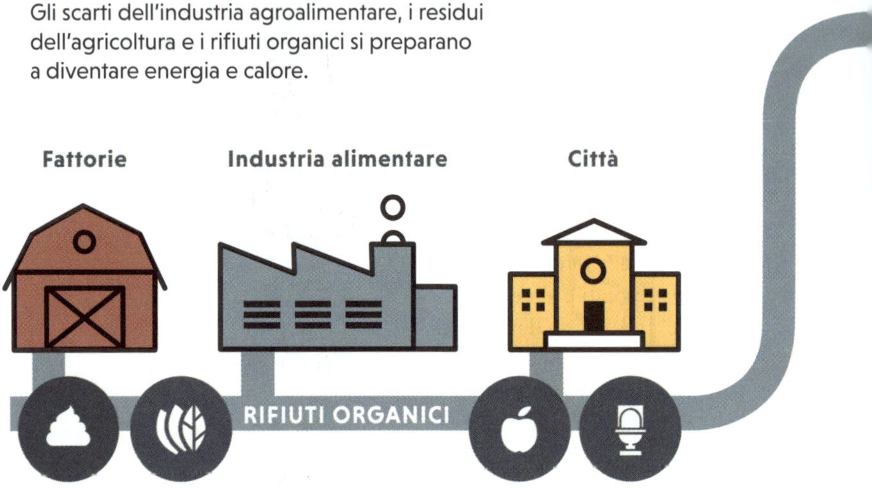

Se vi capita di andare a fare un picnic con amici svedesi non preoccupatevi se vedete che si portano dietro delle scatolette metalliche (tipo quelle del tonno, per capirci) che sembrano sul punto di scoppiare. Il contenuto potrebbe far parte di un succulento sandwich che sta per esservi proposto. E se anche l'odore forse non è dei migliori, anzi pare sia davvero sgradevole, pensate che state per mangiare una prelibatezza. Si tratta del *surströmming*, filetti di aringa del baltico fermentati. O andati a male in maniera controllata, se preferite. Un piatto tradizionale dello street food svedese, noto almeno dal sedicesimo secolo e che trova moltissimi estimatori tra gli scandinavi. Odore a parte, prima di metterlo in bocca fa senza dubbio impressione la deformazione della scatoletta, dovuta al gas prodotto dalla fermentazione dell'aringa. La fermentazione è una reazione chimica di metabolismo, nella quale i carboidrati vengono scomposti in molecole più semplici, liberando energia; ed è l'origine

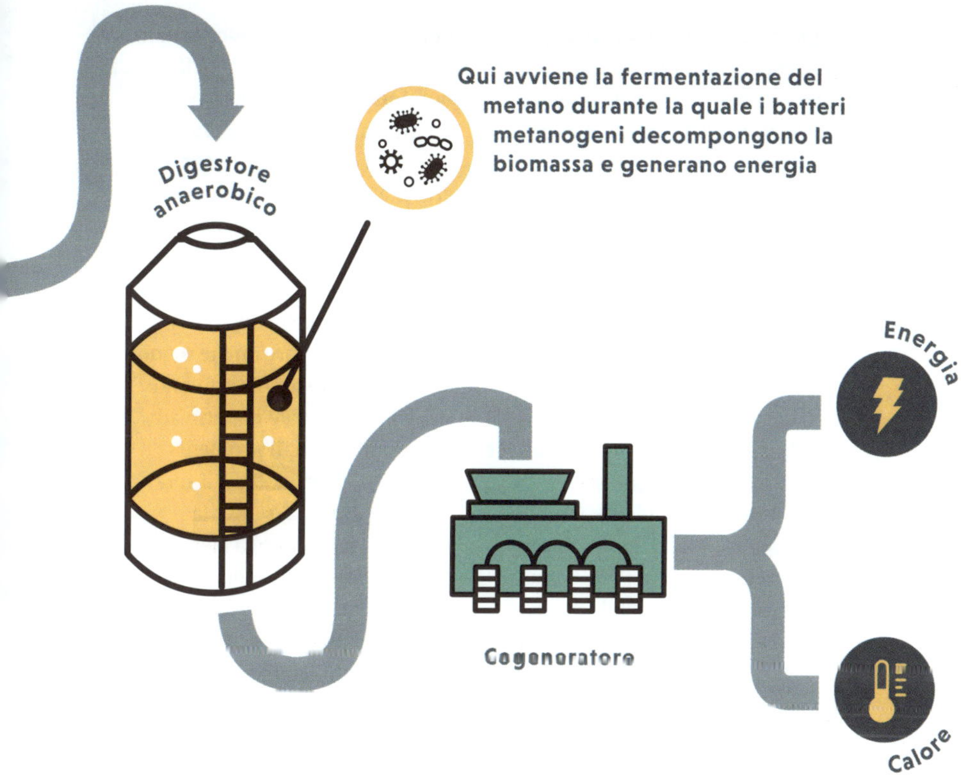

della produzione di biogas. Il biogas in realtà è una miscela di vari gas, anche se di fatto i suoi due componenti principali sono il metano (con una percentuale variabile tra il 50 e il 75 per cento) e l'anidride carbonica (25-50 per cento). Il biogas si produce nella fermentazione di scarti della filiera zootecnica (sterco, carcasse di animali, paglia...), in quella di residui dell'agricoltura e dell'industria agroalimentare, nelle immondizie di origine organica e nelle fogne. Durante la fermentazione, dei microorganismi chiamati metanogeni digeriscono anaerobicamente, ovvero in assenza di ossigeno, quei materiali e li trasformano in biogas e digestato, un residuo solido molto nutriente che è anche un ricco fertilizzante. Questo processo biologico porta molti benefici all'ambiente: consente, infatti, di produrre energia rinnovabile e un fertilizzante naturale, allevia i problemi della gestione dei rifiuti e riduce la produzione di dannosi gas serra nelle discariche. Raccolto opportunamente, il metano del biogas è utilizzato come combustibile per riscaldamento, trasporti e nelle centrali per la produzione di energia elettrica. La città britannica di Bristol, per esempio, dopo aver lanciato qualche tempo fa il progetto Poo bus si è recentemente dotata del primo bus urbano a due piani (i famosi *double-decker*) alimentati a biogas. Anche se nella fermentazione e poi nella combustione del metano si produce CO_2, il bilancio complessivo è comunque favorevole rispetto alla combustione di gas naturale di origine geologica. Prendiamo come esempio i vegetali, che in vari modi diventano rifiuti: scarti dell'agricoltura, deiezioni di esseri viventi dopo la digestione dei vegetali, o di animali che si sono cibati di piante e decomposizione delle carni. Quando questi rifiuti producono biogas, la CO_2 rilasciata durante la sua combustione è infatti pari a quella che era stata assorbita dalle piante durante la crescita. Le piante poi ricrescono, facendo quindi del biogas una fonte rinnovabile. E grazie al brevetto Smart upgrading dell'università di Milano Bicocca il biogas potrebbe diventare anche meno caro e quindi economicamente più concorrenziale rispetto ad altre fonti fossili. Il problema sta nella CO_2 prodotta durante la fermentazione: se per la produzione di energia elettrica e termica tramite turbine il biogas misto di metano e anidride carbonica può essere utilizzato direttamente, quando deve invece essere impiegato come combustibile per le automobili, e deve quindi essere liquefatto per facilitarne il trasporto, va purificato dalla CO_2 per necessità sia tecniche sia economiche. La nuova tecnologia dell'ateneo milanese consente il "lavaggio" del biogas dalla CO_2, con i vantaggi di utilizzare una sostanza di trasformazione biodegradabile e dal costo contenuto e richiedere una quantità di energia molto bassa. Lo sviluppo di tecnologie come queste potrebbe in futuro portare alla produzione made in Italy di parte del nostro fabbisogno di gas, alleggerendo l'attuale forte dipendenza da paesi nordafricani e dalla Russia.

!

L'Italia è **medaglia d'argento** in Europa per il numero di impianti a biogas

Una tecnologia brevettata all'università Bicocca potrebbe rendere il biogas meno caro e più vantaggioso

Maiali elettrici

«Gli androidi sognano pecore elettriche?», si chiedeva lo scrittore Philip Dick in uno dei suoi più famosi e visionari romanzi. Non lo sappiamo, ma quel che è certo è che alla Duke University, negli Stati Uniti, hanno sognato maiali elettrici, e li hanno anche trasformati in realtà.

A Yadkinville, un piccolo centro agricolo del North Carolina dove vivono meno di 3000 persone e parecchie migliaia di animali da allevamento, i ricercatori, con la collaborazione di un allevamento con ben novemila suini, hanno costruito un impianto pilota per ricavare energia dai loro escrementi. Costato 1,2 milioni di dollari, l'impianto è composto da un "digestore" anaerobico – cioè un contenitore in cui gli escrementi fermentano e vengono digeriti da particolari batteri producendo metano – e da un sistema a turbina che viene messo in moto grazie alla combustione del metano.

900
milioni di maiali nel mondo: una preziosa fonte di energia!

Oltre a produrre energia pari al consumo di 35 abitazioni, l'impianto è assai utile perché evita la dispersione nell'atmosfera del metano – un gas serra molto più potente della CO_2 – e in un anno consente di ridurre le emissioni di 5000 tonnellate equivalenti di anidride carbonica. Come eliminare circa mille auto dalla circolazione.

Anche in Italia esistono vari impianti di questo tipo, ma di dimensioni molto più piccole (in totale nel 2016 abbiamo prodotto 396 GWh da deiezioni animali). Il progetto della Duke è open source: chiunque può avere informazioni sulla tecnologia applicata e riproporla altrove e con circa 900 milioni di maiali nel mondo... la caccia a questa nuova forma di energia è aperta!

Butti a Roma, scaldi a Vienna

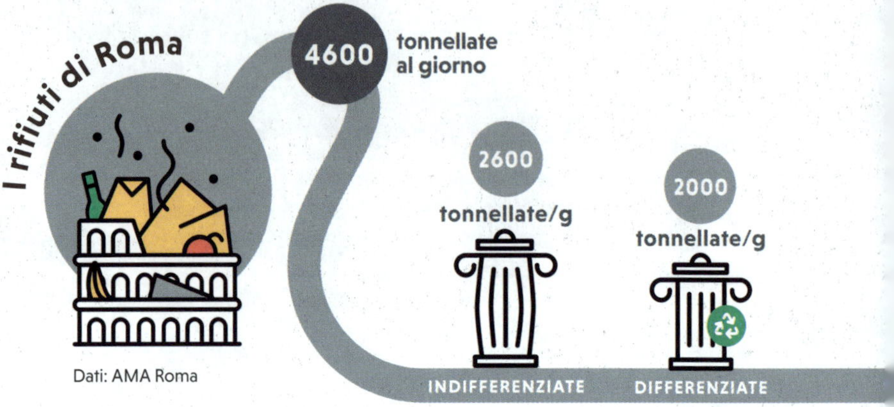

Dati: AMA Roma

Fare energia con i rifiuti è un bel business, soprattutto se i rifiuti sono quelli degli altri. Lo sanno bene svedesi, norvegesi e austriaci che, oltre a usare interamente la propria frazione di rifiuti indifferenziati per produrre energia, importano anche quella degli stati confinanti. Gli austriaci, in particolare, ricevono parte di quelli prodotti a Roma, al ritmo di circa 1400 tonnellate a settimana. L'AMA, l'azienda municipalizzata incaricata della raccolta e del trattamento delle 4600 tonnellate di rifiuti che ogni giorno vengono sfornate dalla capitale (di cui 2000, cioè il 43 per cento, differenziate alla base cioè dai cittadini - dati AMA 2016), ha infatti pensato di rivolgersi, per il loro trattamento all'inceneritore EVN di Zwentendorf. In base a un accordo siglato nel 2016, i rifiuti capitolini vengono prima raccolti poi caricati su treni merci e, una o due volte alla settimana, partono in treno diretti a 60 chilometri da Vienna, dove vengono bruciati generando elettricità equivalente al consumo di circa 170.000 abitazioni. Spedire i rifiuti a oltre mille chilometri di distanza è ovviamente antieconomico, anche perché oltre ai costi di trasporto ci sono quelli legati allo smaltimento. Secondo la BBC, autrice di un'inchiesta in merito, incenerire all'estero costa a Roma oltre 100 euro la tonnellata (139,81 euro secondo un'inchiesta del quotidiano "Il Tempo"), a fronte

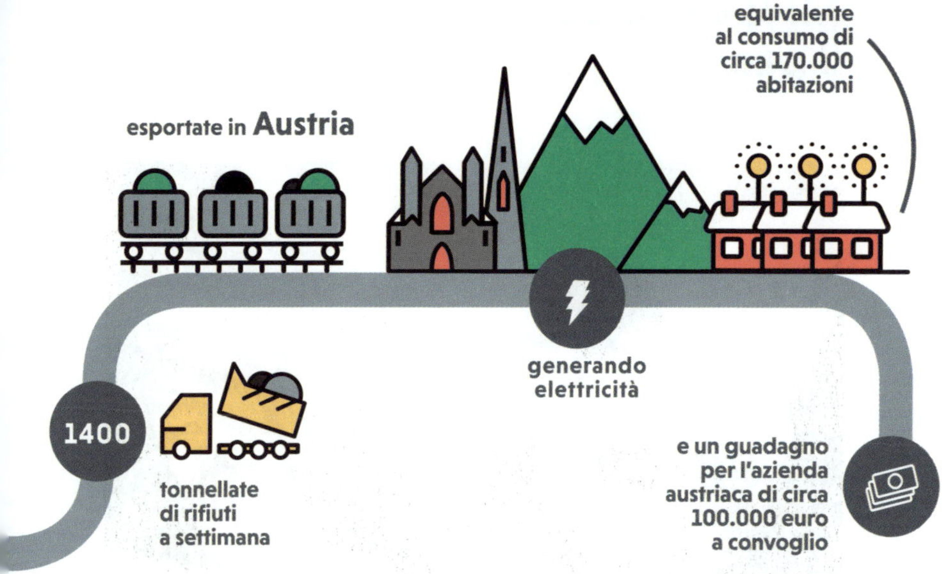

di un guadagno per l'inceneritore EVN di circa 100.000 euro a convoglio. Gli austriaci ringraziano e in Europa c'è chi fa (parecchio) meglio di noi. Secondo i dati diffusi da Avfall Sverige, l'associazione svedese per il trattamento dei rifiuti che riunisce tutti i soggetti pubblici e privati che operano nel settore, ogni svedese produce oltre 500 chili di rifiuti domestici ogni anno, di cui solo il 4 per cento finisce in discarica. Tutto il rimanente è riciclato (circa la metà) o bruciato per produrre energia. E quando i rifiuti non bastano, gli svedesi li... importano dall'estero. Ma come mai noi non riusciamo a usarli? Bruciare direttamente rifiuti, com'è noto, è pericolosissimo, perché il cloro presente in composti organici polimerici, come il PVC - cloruro di polivinile, presente in grande quantità nella plastica - dà origine a diossine, sostanze tossiche e cancerogene. Per bruciare in sicurezza occorrono impianti molto costosi e spesso la loro costruzione genera dibattito pubblico e proteste che fanno lievitare costi e tempi. Per precisione, bisogna comunque dire che le diossine si producono anche bruciando legna e carbone, e non è purtroppo un caso che nelle società più povere la diffusione di malattie alle vie respiratorie causate dalle diossine sia assai elevata. I rifiuti sono quindi molto preziosi da un punto di vista energetico, ma vanno maneggiati con cura!

Mi si è scaricato il panda

Potrebbe essere una buona scusa per quando il vostro cellulare, rimasto senza carica, si sarà spento: mi si è scaricato il panda. Un argomento magari un po' surreale, ma non del tutto privo di fondamento, perché proprio dal panda è in arrivo una nuova soluzione energetica: la ricetta per "digerire meglio" il biocarburante. Di cosa si tratta? È un combustibile a basso costo ottenuto a partire da piante alimentari. Tra i più

I panda giganti (e il loro apparato digerente) ci danno una soluzione per la produzione di biocarburanti

comuni c'è l'etanolo, prodotto dal grano; ma, oltre al grano, per produrre i biocarburanti si usano mais, barbabietola e canna da zucchero. Per la produzione è infatti necessario rivolgersi alle parti "nobili" della pianta, cioè proprio quelle commestibili, il che pone la produzione in competizione con il sostentamento umano, dato che le piante o si mangiano o si usano per produrre energia. Anche le bucce dei chicchi, i gambi o altri materiali di scarto sono ottime fonti di etanolo, ma per poterle usare è necessario "rompere" la lignocellulosa che contengono, una sostanza tutt'altro che facile da degradare. Si tratta di una combinazione di zuccheri della cellulosa e lignina che aiuta le piante a mantenere la struttura delle pareti cellulari, agendo come una sorta di impalcatura che consente alla pianta di tenere i gambi rigidi. È dunque estremamente importante per il mondo vegetale, ma la sua presenza è invece controindicata per la produzione di biocarburanti. L'estrazione degli zuccheri - che fermentati producono etanolo - a partire dalla lignocellulosa è difficoltosa e costosa. La scelta ricade quindi sulle parti commestibili della pianta, quelle più morbide e in cui gli zuccheri sono più facilmente disponibili. Ciò significa però che per produrre combustibili puliti e rinnovabili su larga scala occorre ridurre la quantità di cibo a disposizione per l'alimentazione umana e animale.
Per risolvere il dilemma, Ashli Brown, ricercatrice dell'università del Mississippi, si è rivolta allo zoo di Memphis e ha chiesto aiuto a Ya Ya e Le Le, una coppia di panda giganti che si alimentano principalmente di bambù, una pianta ricca di lignocellulosa.
Osservando le feci di questi grandi erbivori ormai quasi estinti, Brown vi ha scoperto oltre 40 microbi in grado di "digerire" la lignocellulosa, trasformandola in zuccheri più semplici. Un procedimento che adesso potrebbe essere applicato alla produzione di biocarburanti.
Il breve intestino dei panda giganti richiede ai batteri che ci vivono un'insolita efficienza, una caratteristica che potrebbe rivelarsi strategica per le future ricerche in questo campo, il cui scopo è la selezione dei digestori per utilizzarli su scala industriale.
Sempre che i panda giganti non si estinguano prima.

Se finisce il fosforo

Alla base della vita c'è un elemento chimico strano e poco conosciuto: il fosforo. Elemento della tavola periodica con peso atomico 15, il fosforo è stato isolato nel 1669 dal mercante tedesco Henning Brand, che lo ottenne distillando l'urina. Il suo nome deriva dal greco *phōsphóros*, "portatore di luce" dato che è luminescente per contatto con l'ossigeno. Si dice che faccia bene alla memoria e che ne sia ricca la carne di pesce, anche se in realtà il pesce non ne contiene più di molti altri alimenti e la correlazione tra fosforo e memoria non è mai stata provata scientificamente; mentre sappiamo per certo che fa bene alle ossa e ai denti perché favorisce l'assimilazione del calcio. In ogni caso il fosforo, oltre a essere uno dei primi elementi che ci vengono nominati da piccoli, ha numerose altre importanti proprietà: è un componente essenziale del DNA e dell'RNA, delle pareti e delle membrane cellulari e sta proprio alle radici della vita. Il termine *radici* non è scelto a caso, perché i primi organismi a servirsene sono proprio le piante, grazie alle quali questa sostanza entra nella catena alimentare. Per la vita vegetale il fosforo è essenziale quanto l'ossigeno, il carbonio e l'acqua: senza fosforo una pianta non cresce e alla lunga non sopravvive. Se mancasse, quindi, non si produrrebbe cibo sulla Terra. Al contrario, quando è abbondante le rese agricole sono alte: per questo è uno dei principali componenti dei fertilizzanti. Fino a un paio di secoli fa, era normale che i contadini usassero il letame o gli scarti alimentari per concimare il terreno: un ciclo che per migliaia di anni aveva garantito l'equilibrio e la fertilità dei terreni. Oggi però l'agricoltura è cambiata e la maggioranza del fosforo, che non si può sintetizzare in laboratorio, viene estratto in miniera sotto forma di fosforite. Ciò equivale a dire che stiamo consumando riserve geologiche formatesi milioni di anni fa e impossibili da rimpiazzare. Il "picco" della produzione del fosforo, come quello del petrolio, potrebbe arrivare presto: in base alle stime della Global Phosphorus Research Initiative, una collaborazione tra sei istituti di ricerca internazionali indipendenti, le riserve saranno esaurite al massimo entro 70 anni e il fosforo inizierà a scarseggiare molto prima. Non occorrerà dunque lasciar passare mezzo secolo prima che diventi un problema: la scarsità e il costo del fosforo promettono già di creare tensioni a livello geopolitico, considerando che l'85 per cento della fosforite di buona qualità rimasta sul pianeta è detenuta da cinque sole nazioni: Marocco, Cina, Sudafrica, Giordania e Stati Uniti. Se il fosforo dovesse finire - negli ultimi cinquant'anni l'estrazione è quadruplicata e cresce del 3 per cento ogni anno - lo scenario sarebbe drammatico.

Se finisse il fosforo metteremmo a rischio la fertilità della terra...

... ma la soluzione c'è, e si trova nei nostri scarti più privati: le urine

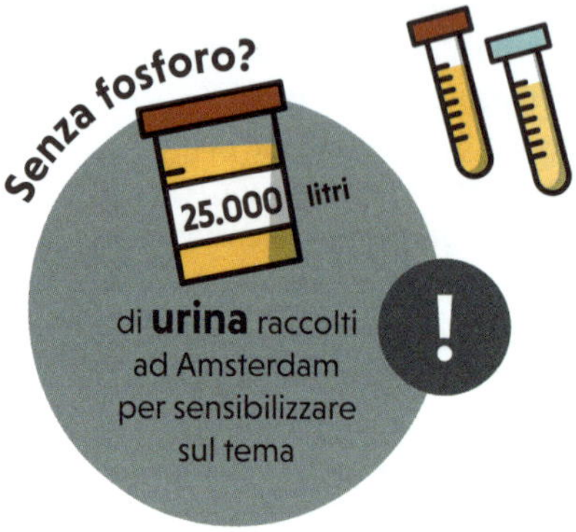

Anche se è paradossale, una risorsa così importante e già scarsa viene usata in modo inefficiente e una gran parte del fosforo estratto, o utilizzato nei campi, si trasforma in rifiuto. Solo una minima parte viene assorbita dalle piante, mentre il resto finisce in fiumi, laghi o nel mare, dove nutre oltremisura le alghe, favorendo l'eutrofizzazione degli ambienti acquatici e rendendoli inabitabili per i pesci. Proprio sul fosforo, nel 2013 la Commissione Europea ha avviato una consultazione pubblica, raccogliendo consigli su come utilizzarlo in maniera più sostenibile, dato che l'intero continente, se si eccettua una piccola riserva in Finlandia, ne è privo. E nel frattempo ha già iniziato a correre ai ripari. Il fosforo non si può produrre sinteticamente ma si può riciclare. Ne sono ricche per esempio le deiezioni umane e animali e, se utilizzare il letame per concimare può rivelarsi comunque una scelta non sempre percorribile, nel mondo stanno già nascendo i primi impianti pilota per il recupero del fosforo dagli scarichi fognari.
Secondo la ricercatrice indiana Sridevi Govindaraj, dell'università di Scienze agricole di Bangalore, se il 40 per cento della popolazione indiana mettesse da parte le proprie urine per utilizzarle come fertilizzanti, gli agricoltori risparmierebbero oltre 26 milioni di dollari l'anno. Nel 2016 Waterne, società del governo olandese che si occupa della gestione delle acque, ha lanciato una curiosa iniziativa di sensibilizzazione sul tema raccogliendo circa 25.000 litri di urina ad Amsterdam, grazie all'installazione di speciali toilette. L'urina raccolta è stata poi trasformata in fertilizzante.
Le iniziative si moltiplicano e non si tratta certo di folclore locale: la Fondazione Bill & Melinda Gates, per esempio, ha finanziato con tre milioni di dollari le ricerche dell'Istituto federale svizzero di scienze e tecnologie acquatiche (Eawag) per sviluppare un sistema per riciclare il fosforo su scala locale e aiutare le piccole comunità a produrre in proprio quello di cui hanno bisogno.

Pannolini pieni di sorprese

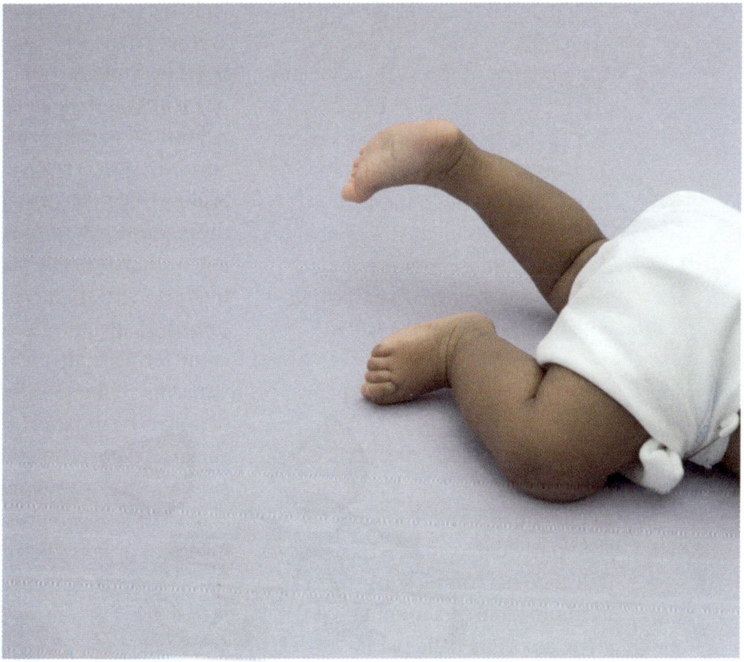

I pannolini, nelle loro varie declinazioni di assorbenti per bambini, donne e anziani, figurano indubbiamente tra i materiali di uso comune maggiormente inquinanti. Per i più piccoli se ne adoperano in media tra i 9 e i 12 al giorno, i bambini più grandi ne usano circa 8 e le donne nel periodo del ciclo mestruale da 3 a 6 al giorno. Secondo un articolo pubblicato sul "Journal of Cleaner Production" e firmato dal ricercatore Mauro Cordella (con altri) del Joint Research Centre della Commissione Europea, nel tempo i prodotti assorbenti si sono evoluti: nel 1987 un pannolino per bambini pesava circa 65 grammi ed era fatto all'81 per cento di lanugine assorbente; ma, tra il 1987 e il 1995, il peso medio è calato del 14 per cento e tra il 1995 e il 2005 di un ulteriore 27 per cento, grazie all'introduzione di materiali assorbenti a base plastica. Tra il 2005 e il 2011, il peso è

decresciuto ancora del 12 per cento e la presenza di materiali plastici è ulteriormente aumentata, al punto che in varie parti del mondo da alcuni anni ci si interroga sulla possibilità di riciclare questi materiali.
E finalmente, dopo aver finanziato diversi progetti di ricerca in merito, l'Unione Europea ha dato il via ad alcuni impianti pilota. Ce n'è uno anche in Italia, a Spresiano (provincia di Treviso) dove, nell'ambito del progetto "Recall", co-finanziato dall'UE in collaborazione con Fater S.p.A., con il Comune di Ponte nelle Alpi e con l'istituto di ricerca Ambiente Italia, da assorbenti e pannolini usati di tutte le marche si ricavano plastica e cellulosa sterilizzate da riutilizzare come materie prime seconde di elevata qualità. La sperimentazione è stata avviata nel 2015 e, a regime, si prevede di trattare 1500 tonnellate annue di rifiuto, coinvolgendo nella raccolta differenziata 150.000 utenti, con un risparmio di oltre 1950 metri cubi annui di materiale da gettare in discarica e di 618.000 chili di emissioni di anidride carbonica.

* TEP (tonnellate equivalenti di petrolio)
** Pari a un volume di 1.852.000 metri cubi

Energia illimitata... senza rifiuti!

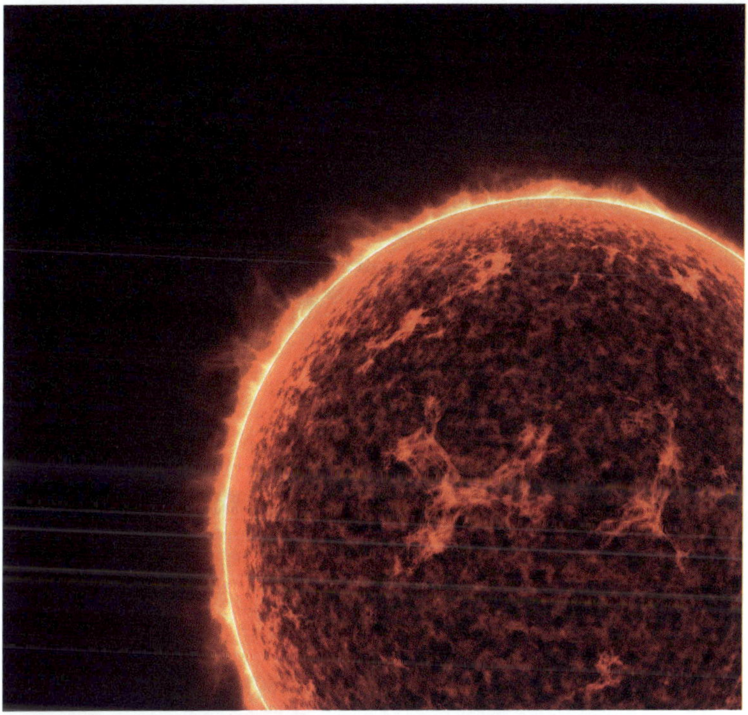

Che ne direste se potessimo ricavare l'energia che ci serve dall'acqua di mare, in modo totalmente pulito e senza produrre CO_2? Sembra un sogno, eppure l'energia nucleare contenuta nella materia è enorme e se la potessimo utilizzare in maniera semplice, sicura e pulita tramite la fusione avremmo risolto una delle questioni chiave per uno sviluppo sostenibile.

Non facciamoci spaventare dalla parola *nucleare*, la fusione esiste anche in natura

Saremmo infatti capaci di soddisfare le necessità energetiche di oggi - e di risolvere il problema della povertà energetica - senza compromettere la possibilità delle generazioni future di soddisfare le proprie esigenze. A fronte di una crescente domanda, occorre fare i conti con l'esaurirsi delle fonti fossili tradizionali e con la necessità di una sempre maggiore attenzione per l'ambiente. Diversificare l'approccio energetico e ragionare in termini di *paniere energetico* in cui il fabbisogno provenga da un ampio insieme di opzioni energetiche, è quindi divenuto inevitabile. Di questo paniere energetico fanno parte anche le fonti di origine nucleare: la fissione e la fusione. Entrambe traggono origine da modifiche della struttura dei nuclei del combustibile, anche se in modi molto diversi, si potrebbe dire antitetici. E soprattutto con conseguenze ben diverse in termini di scorie.

Nella fissione, il nucleo di un elemento pesante come l'uranio si rompe in frammenti più leggeri per effetto dell'impatto di un neutrone, liberando energia ma anche producendo scorie radioattive che rimangono tali per tempi molto lunghi e costituiscono perciò un serio problema.

Il processo nucleare alternativo alla fissione è la fusione: due elementi

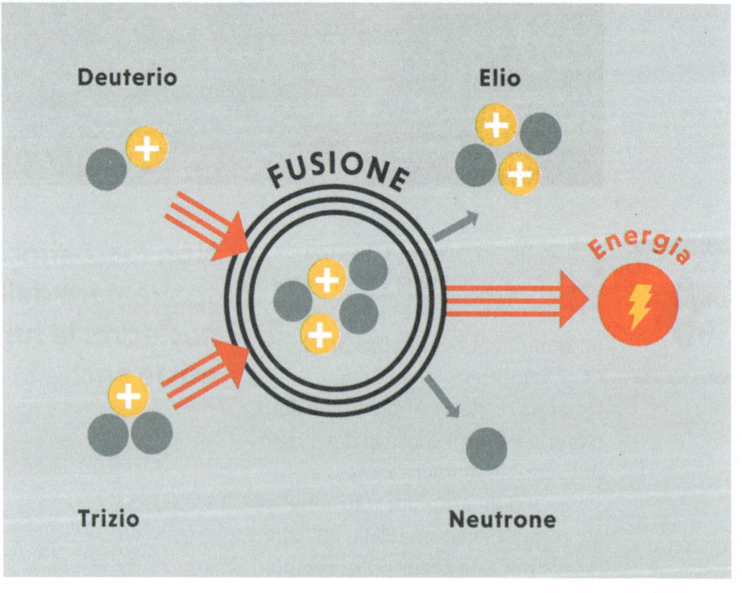

Nella **fusione**, due elementi leggeri (l'idrogeno o i suoi isotopi) si fondono insieme per produrre un atomo più pesante. La massa che non viene impiegata per generare elio e neutroni viene convertita in energia.

leggeri, tipicamente idrogeno o suoi isotopi, sono fusi insieme per produrre un atomo più pesante. La fusione esiste già in natura: è il processo che alimenta il sole e le stelle, e possiamo quindi dire che è alla base della vita nel nostro Pianeta. Il sole brucia 600 milioni di tonnellate d'idrogeno al secondo; la sua grande massa tiene confinato il combustibile e permette la realizzazione della fusione termonucleare. Lassù sembra tutto facile! Ma si può ben immaginare quali sfide comporti mettere il Sole... in scatola! Nel processo di fusione che si cerca di produrre in laboratorio, i nuclei di due isotopi dell'idrogeno - il deuterio (D) e il trizio (T) - si fondono dando origine a un atomo di elio e a un neutrone, secondo la reazione:

$$ {}_1D^2 + {}_1T^3 \rightarrow {}_2He^4\ (3{,}5\ \text{MeV}) + {}_0n^1\ (14{,}1\ \text{MeV}) $$

La massa totale dei prodotti di reazione (elio e neutrone) è inferiore della somma delle masse dei reagenti (deuterio e trizio). Si ha quindi un cosiddetto *difetto di massa*: questa massa mancante non è scomparsa, ma è stata convertita in energia secondo la ben nota relazione di Einstein $E=mc^2$, nella quale E è appunto l'energia, m la massa e c la velocità della luce. L'energia ottenibile da trasformazioni nucleari (fusione e fissione) è enorme rispetto a quella, di tipo chimico, che si può ricavare da reazioni atomiche e molecolari, come la normale combustione. Solo per fare un esempio, una centrale a fusione da 1000 megawatt elettrici - delle dimensioni di un'attuale centrale termoelettrica - consumerebbe all'anno circa cento chili di deuterio e tre tonnellate di litio - dal quale nel reattore si ottiene il trizio -, generando in questo periodo circa sette miliardi di chilowattora. Per produrre la stessa quantità di energia elettrica una centrale tradizionale avrebbe bisogno di circa un milione e mezzo di tonnellate di carbone!
Il gioco è fatto, allora? Ancora no, perché riprodurre in un reattore

Eccellenze italiane

Nella ricerca sulla fusione, la fisica e l'ingegneria italiane hanno un ruolo di eccellenza a livello internazionale.
Nel nostro paese sono in funzione due esperimenti (FTU a Frascati e RFX a Padova) e sta per iniziare la costruzione di un nuovo grande esperimento, DTT.

sulla Terra quello che avviene nel Sole è decisamente complicato. Per produrre energia, il combustibile - gli isotopi dell'idrogeno - deve essere portato a temperature di decine di milioni di gradi e tenuto insieme (o meglio confinato) per un tempo sufficientemente lungo e con una densità sufficientemente elevata. E le scorie? Non ci sono. I prodotti della fusione non sono radioattivi: sono infatti particelle alfa, cioè elio - un gas inerte - e neutroni, che vengono assorbiti nel mantello che circonda il reattore. La radioattività nella fusione si limita a quella naturale del trizio e a quella indotta dal bombardamento neutronico nelle strutture meccaniche che circondano il reattore: in entrambi i casi, la situazione è ben diversa da quella della fissione. La radioattività del trizio ha una vita media relativamente breve: 12,3 anni. Altro che le migliaia di anni delle scorie della fissione! Inoltre un reattore a fusione è del tutto sicuro, perché per il modo in cui funziona non può sfuggire al controllo (nel caso di un incidente, si spegnerebbe automaticamente). Anche nel caso di un cataclisma naturale, la radioattività all'esterno del reattore avrebbe livelli molto bassi e non richiederebbe l'evacuazione delle persone che vi abitano attorno. La vita media degli elementi radioattivi prodotti nei reattori a fusione è tipicamente inferiore ai dieci anni, quindi nell'arco al massimo di un centinaio d'anni (non ere geologiche, come nel caso della fissione) i materiali radioattivi torneranno maneggiabili e potranno essere riciclati!

Riprodurre sulla Terra ciò che avviene nel Sole: energia senza scorie

Isotopi, energia e archeologia

L'atomo di un elemento chimico è costituito da un nucleo, composto a sua volta di protoni e neutroni, e da elettroni. I protoni sono particelle cariche positivamente, gli elettroni sono carichi negativamente, mentre i neutroni non hanno carica elettrica. I protoni sono in numero uguale a quello degli elettroni e ogni elemento chimico è caratterizzato da un dato numero di protoni (e quindi di elettroni), detto anche numero atomico.

Oggi conosciamo 118 elementi diversi, organizzati nella tavola periodica degli elementi. Alcuni elementi hanno delle varianti, dette isotopi, che differiscono per il numero di neutroni nel nucleo. L'idrogeno, per esempio, ha due isotopi: il deuterio, nel cui nucleo c'è un protone e un elettrone, e il trizio, che ha un protone e due elettroni. Deuterio e trizio costituiranno il combustibile per i futuri reattori a fusione. Un altro isotopo famoso è il carbonio-14: ha sei protoni, la "firma" del carbonio, ma otto neutroni invece dei sei del più diffuso carbonio-12.

Il carbonio-14 è radioattivo ed è onnipresente in ogni sistema vivente, animale o vegetale. Grazie al fatto che dopo la morte l'organismo vivente cessa di assumere e metabolizzare carbonio, e che il carbonio-14 presente al momento della morte decade con una vita media di 5568 anni, la misura della quantità di questo isotopo in un reperto organico può essere utilizzata – ad esempio in archeologia – per stabilirne con grande precisione l'età.

Idrogeno, deuterio e trizio

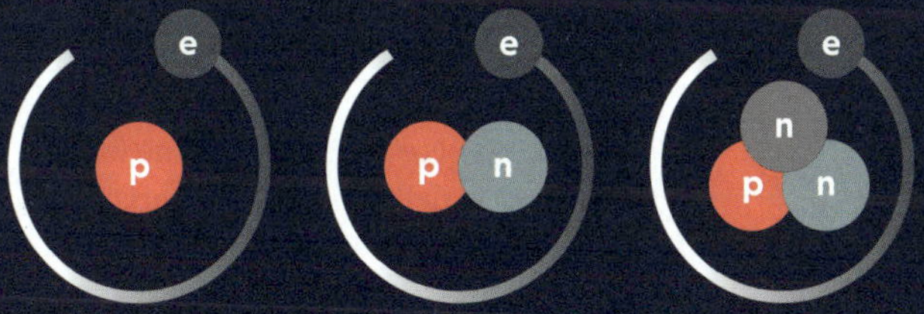

Deuterio e trizio: combustibili per i futuri reattori a fusione

5

Sono tecnologici

e ricercati

Dove andrà a finire il vecchio telefonino che abbiamo buttato via? E il frigorifero che ancora funzionava ma abbiamo sostituito con uno più grande? Cosa succede alla plastica che a un certo punto non si vede più ma purtroppo è ancora lì e ancora più subdola? Ci aiuterà un bruco? Lo spazio è davvero così vuoto o anche lì si trova traccia della nostra presenza? Come vengono trattati e che fine hanno fatto i rifiuti nucleari prodotti dalle vecchie centrali italiane e quelli prodotti ogni giorno dagli ospedali nei centri di medicina nucleare?
La tecnologia inevitabilmente produce scarti, ma offre anche un fondamentale contributo per ridurli e smaltirli.

Il mezzo giro del mondo dei rifiuti elettronici

Immaginate 1.115.000 autoarticolati da 40 tonnellate ciascuno che, uno dietro l'altro, fanno una fila lunga circa 23.000 chilometri, un po' più di metà della circonferenza terrestre all'equatore. A tanto equivale, secondo il rapporto *The Global E-Waste Monitor 2014* dell'Istituto di studi avanzati di sostenibilità della United Nations University (UNU-IAS), l'ammontare dei rifiuti composti da apparecchiature elettriche ed elettroniche prodotti nel mondo nel 2014: 41,8 milioni di tonnellate. Una quantità in continua crescita: nel 2010 erano 33,8 milioni e si prevede che diventeranno circa 50 nel 2018. Rifiuti che provengono da sei tipologie principali:

- apparecchi per condizionamento e riscaldamento come frigoriferi, condizionatori, pompe di calore;
- schermi di vario genere;
- lampade e impianti di illuminazione;

- grandi elettrodomestici (lavatrici, ecc.), impianti per la riproduzione (fotocopiatrici, plotter), pannelli fotovoltaici, distributori automatici;
- piccoli elettrodomestici e piccoli oggetti elettronici di vario uso;
- piccoli apparecchi informatici come computer, telefonini, calcolatrici tascabili, navigatori, stampanti.

I numeri sono impressionanti, ma basta pensare alle nostre esperienze quotidiane per rendersi conto che la quantità di gadget e ammennicoli elettronici vari che usiamo, e che spesso dimentichiamo in un cassetto o buttiamo nella spazzatura, è in continua crescita. Un problema enorme, ma anche un'opportunità. Un normale dispositivo elettronico può contenere, infatti, fino a una sessantina di elementi diversi, alcuni dei quali preziosi, come ad esempio oro, argento, palladio e rame, e altri assai inquinanti, come piombo, mercurio, cadmio e cromo. Non a caso il rapporto UNU-IAS definisce i rifiuti elettronici "miniere urbane": si stima che solo quelli accumulati nel 2014 contenessero materiali per un valore di circa 48 miliardi di euro. L'altra faccia della medaglia è che purtroppo gli stessi rifiuti - tra cui 300 milioni di tonnellate di batterie e due milioni di tonnellate di vetro al piombo, queste ultime corrispondenti a più di sei volte il peso dell'Empire State Building - contengono anche sostanze tossiche, mercurio, cadmio, cromo, PCB, e sorgenti di gas serra come clorofluorocarburi (CFC). Miniere da sfruttare, ma anche da maneggiare con cura.

Dati: UNU-IAS, 2014

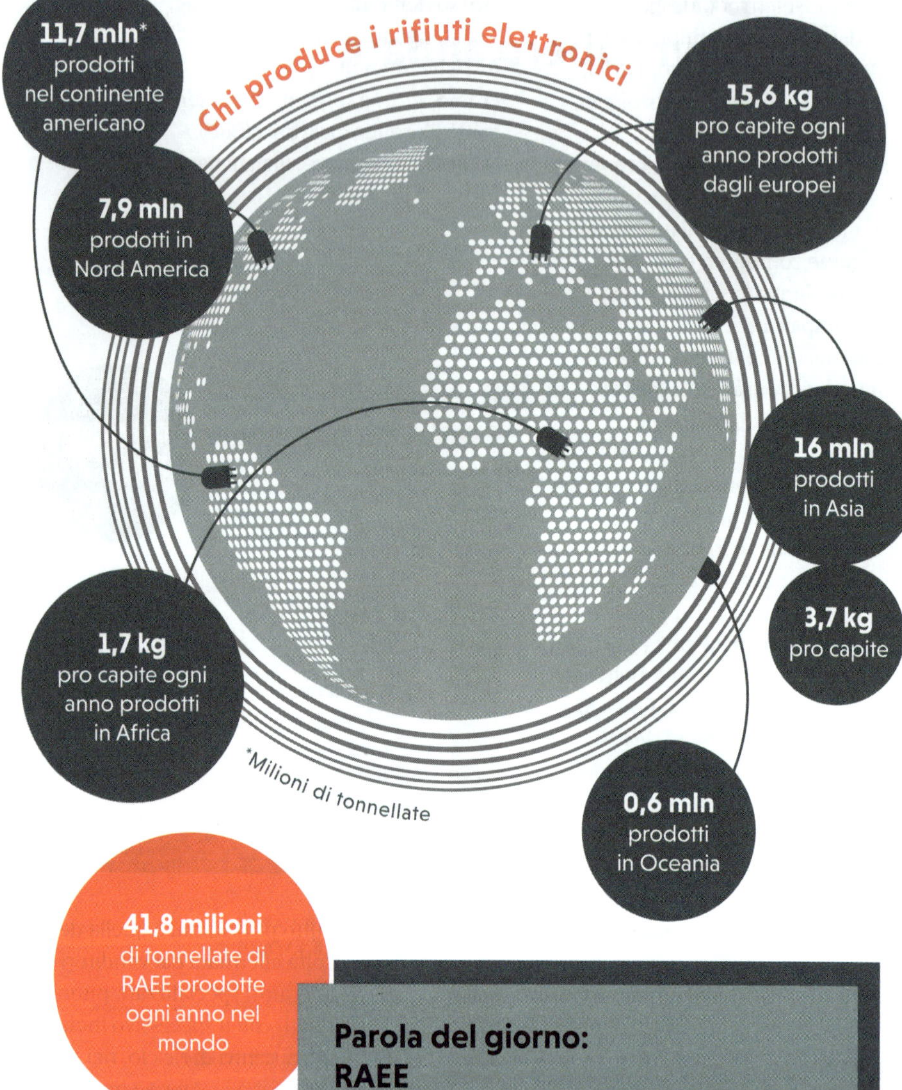

Parola del giorno: RAEE

RAEE è l'acronimo usato per indicare i Rifiuti di Apparecchiature Elettriche ed Elettroniche, in inglese WEEE (Waste of Electric and Electronic Equipment).

Dati: UNU-IAS, 2014

Dove vanno e dove dovrebbero andare

Dal momento in cui il nostro condizionatore ha smesso di funzionare o il nostro vecchio cellulare è caduto in disgrazia in favore di un nuovo modello superaccessoriato, secondo il rapporto UNU-IAS questi oggetti possono seguire quattro possibili percorsi.

La *prima strada*, la più virtuosa e quella che in futuro dovrebbe essere del tutto prioritaria, è quella della raccolta effettuata dai venditori o da operatori specializzati, pubblici o privati, con il successivo inoltro a moderni centri di riciclo, nei quali si recuperino i materiali preziosi e si trattino in modo sicuro quelli tossici e inquinanti. Secondo i dati Eurostat, nel 2014 la percentuale di raccolta dei rifiuti elettronici ed elettrici rispetto alla quantità

di materiale immesso sul mercato nel triennio precedente oscilla dal 10 all'80 per cento, a seconda del paese. L'Italia si situa più o meno a metà, con una percentuale intorno al 45 per cento.
La *seconda* via percorribile è quella del loro conferimento tra i rifiuti normali, assieme ai quali vengono poi trattati, tipicamente negli inceneritori o nelle discariche. Una soluzione illegale e pericolosa, che fa perdere risorse preziose e allo stesso tempo inquina.
La *terza* strada è transfrontaliera. In un'epoca in cui i confini tendono a chiudersi, i rifiuti elettronici viaggiano invece spesso senza forti limitazioni. In taluni casi, in modo più o meno organizzato, si spostano per migliaia di chilometri per essere destinati al mercato dei prodotti di seconda mano nei paesi meno sviluppati o a centri di recupero o riciclo che soddisfino criteri di sicurezza per l'uomo e l'ambiente.
Il *quarto* scenario, il più drammatico, è quello dell'invio di questi rifiuti in paesi in via di sviluppo, dove il loro successivo smaltimento è portato avanti con standard scadenti e gravi rischi, sia per gli operatori sia per l'ambiente. Nonostante le convenzioni di Basilea, Rotterdam e Stoccolma regolino l'esportazione di rifiuti pericolosi, l'illegalità è purtroppo diffusa, come riportato in un documento dedicato dell'UNEP (United Nations Environment Program).
Pur con le difficoltà del caso, questo rapporto stima il fatturato annuo del commercio e trattamento illegale dei rifiuti elettronici in un intervallo compreso tra i 12,5 e i 18,8 miliardi di dollari.
Ma come "scompaiono" i rifiuti? I rifiuti sono trasportati in vario modo, da singoli camion a intere navi container, e in genere vengono accompagnati da false dichiarazioni di esportazione di materiale di seconda mano, in cui ad esempio le batterie sono descritte come "rifiuti plastici o metallici", e i tubi catodici e gli schermi sono dichiarati come "ferrovecchio". Sempre secondo il rapporto, l'Africa e l'Asia sono le destinazioni preferite per i trasporti su larga scala e i paesi più gettonati sono Ghana e Nigeria per l'Africa e Cina, Pakistan, India, Bangladesh e Vietnam per l'Asia. Dietro questi traffici si celano crimini di varia natura: finanziaria, ambientale e contro la salute delle persone, spesso esposte senza alcun controllo ai rischi derivanti dallo scorretto trattamento dei rifiuti tossici.

I rifiuti elettronici non sempre trovano una legale via di smaltimento. Alcune volte, semplicemente "scompaiono"

RAEE, inquinamento e salute

I rifiuti elettronici possono essere fonte di grave inquinamento dell'ecosistema, in particolare quando vengono portati in paesi dove il loro trattamento è scarsamente regolamentato o non lo è del tutto. Ne soffrono la qualità dell'aria, delle acque e del suolo. In condizioni non adeguatamente normate, i RAEE vengono smontati e triturati, rilasciando polveri e particolato. Quelli di scarso valore, che peraltro contengono spesso molta plastica, sono bruciati a bassa temperatura con la conseguente produzione di fumi tossici, diossine e polveri sottili.

Da quelli più pregiati si estraggono invece oro e argento, ma non è impresa semplice dato che questi metalli preziosi sono integrati in piccole quantità in componenti compatti. È dunque necessario usare acidi e altre sostanze chimiche che rilasciano, a loro volta, fumi tossici e che sono anche causa di inquinamento per le acque utilizzate in questi processi, che possono fluire per chilometri e chilometri di distanza e danneggiare comunità molto distanti.

Per non parlare di altri componenti dei RAEE, come piombo, arsenico e cadmio, sostanze usate come ritardanti di fiamma, che possono inquinare anche le falde acquifere profonde e il terreno, entrando poi nel ciclo alimentare e causando quindi danni non solo ai lavoratori addetti a questi impianti ma anche a comunità che si trovano distanti dai siti di riciclaggio, talvolta anche centinaia o migliaia di chilometri.

Estrarre le materie preziose dai rifiuti elettronici può essere molto pericoloso

Cacca certificata

La pasta di soia - magari sotto forma di spaghetti - è famosa come ingrediente per cucinare deliziose ricette orientali. Ma ha anche altri usi, tra cui uno decisamente sorprendente: è un elemento essenziale per produrre cacca finta hi-tech. Per poter collaudare i gabinetti secondo rigorosi protocolli sperimentali, la compagnia Maximum Performance ha infatti sviluppato delle feci sintetiche di origine organica,

La soia? Ingrediente ideale per testare wc sempre più tecnologici

utilizzando pasta di soia a cui viene aggiunto un pizzico di riso, per ottenere la stessa consistenza e umidità della cacca umana. Il composto viene estruso in cilindretti allungati, inodori e molto pratici (simili per forma e dimensioni a quelli prodotti dall'uomo), che vengono utilizzati per il collaudo. Una certa notorietà per questo prodotto è arrivata grazie all'acquisto di una sua partita, da parte della Bill & Melinda Gates Foundation, per collaudare gli avveniristici gabinetti proposti dai ricercatori che si sono misurati nel concorso Reinvent the Toilet Challenge, il cui scopo è quello di ideare toilette efficienti, a basso costo e a bassissimo consumo di

acqua, da destinare principalmente ai paesi in via di sviluppo.
I cilindretti di prova vengono immessi nel gabinetto in quantità via via crescenti, per valutare quanti ne possono essere smaltiti in un singolo scarico. Il principio è semplice: se la quantità supera un livello minimo, la toilette funziona. Il prodotto della Maximum Performance consente di seguire con attenzione l'evoluzione tecnologica dei gabinetti. Nel corso degli anni il test ha avuto un enorme successo, tanto che oggi vi partecipano volontariamente 80 produttori di gabinetti e sono stati collaudati oltre 3500 modelli. Sembra solo una notizia che fa sorridere, ma i test hanno comportato un importante aumento dell'efficienza e una significativa riduzione del consumo di acqua. Inizialmente la soglia adottata era stata di 250 grammi, sulla base dei risultati di uno studio medico inglese del 1979 che identificava, proprio in questo peso, il 95° percentile dell'ammontare massimo di feci espulse in una singola seduta dalle persone di sesso maschile partecipanti allo studio. In altre parole, l'idea del 95° percentile è che presi 100 maschi che si siedono sul gabinetto, 95 depositano una quantità inferiore o uguale a 250 grammi. In seguito, il test fu reso più severo alzando il limite minimo a 350 grammi, che corrisponde al 99° percentile. Mica poco, peraltro, pensando che un cilindro di cacca di questo peso, con un diametro di due centimetri, sarebbe lungo circa 70 centimetri...
Grazie all'approccio sperimentale della Maximum Performance, la media delle feci processabili in un singolo scarico in tutti i water analizzati è passata dai 336 grammi del 2003, a più del doppio nel 2012, con una media di 799 grammi registrata in un campione di 1860 differenti impianti sanitari.
Considerato però che la produzione media di un adulto è rimasta la stessa... resta da chiedersi a cosa serva tutta questa potenza aggiuntiva.

Due etti e mezzo al giorno: è questa la quantità media giornaliera che depone un maschio adulto. E stiamo parlando di quello...

Caccia alla volpe... senza armi

Studiare coyote e volpi con i social network? All'University of Wisconsin-Madison si può. Anzi, si deve. Due ricercatori del UW Canid Project, intenzionati a indagare le abitudini sociali di questi due animali che sempre più spesso frequentano la città in cerca di cibo, nell'impossibilità di portare a termine da soli il monitoraggio hanno pensato di creare una pagina Facebook per chiedere ai cittadini di Madison, Wisconsin, di segnalare attraverso i social eventuali avvistamenti. Questi due animali selvatici, che in natura sono nemici, nel contesto urbano convivono grazie a una precisa divisione degli spazi. Ma in che modo riescono a comunicare tra loro e a marcare nettamente il territorio? E cosa mangiano aggirandosi tra villette e condomini? La partecipazione della popolazione alla prima fase del progetto è stata massiccia e si è rivelata talmente utile che i due ricercatori hanno pensato di spingersi ancora più in là, chiedendo ai loro follower di dedicarsi a una differente e anomala attività: raccogliere cacca. Con poche semplici informazioni, gli interessati sono stati messi in grado di riconoscere gli escrementi dei diversi animali e hanno imparato a raccoglierli e conservarli in modo ottimale. Anche in questo caso i cittadini di Madison hanno risposto in modo cooperativo e i numerosi campioni raccolti hanno fornito ai ricercatori informazioni rispetto alla dieta e alla salute degli animali, decretando il successo della ricerca, che ancora prosegue. Condurre un simile progetto - a detta dei ricercatori - sarebbe stato addirittura impossibile senza la collaborazione del pubblico, a causa delle scarse risorse (tempo e denaro) disponibili. Vantaggi della cosiddetta *citizen science*, che in italiano si può tradurre con "scienza dei cittadini", ovvero di quel tipo di ricerca svolto da ricercatori non professionisti di ogni età e genere, quasi sempre attraverso la rete internet, nell'ambito di attività di ricerca scientifica strutturate e quindi sotto la supervisione di professionisti. Un modo per sentirsi tutti un po' scienziati e per dare una vera mano alla ricerca. I *citizen scientists* si occupano di molte diverse attività, che possono andare dalla catalogazione di specie animali e vegetali al monitoraggio dei rifiuti, dalla segnalazione di terremoti a quella di vari eventi meteorologici. Altre tipiche attività che si possono svolgere in autonomia, aiutando la ricerca scientifica, sono la catalogazione di stelle, le rilevazioni passive (i partecipanti mettono a disposizione il proprio cellulare, un tetto o uno spazio esterno per effettuare rilevazioni in automatico mediante sensori) e il *grid computing*. Quest'ultimo consiste nella creazione di una rete diffusa di computer per elaborare una grande quantità di dati, grazie alle capacità di calcolo dei computer o di loro parti messe a disposizione dagli aderenti al progetto. Che vi interessino i rifiuti, le farfalle o le galassie, la *citizen science* insomma vi aspetta. In Italia le iniziative sono numerose: da Legambiente a Goletta Verde, fino a enti di ricerca e università c'è solo da scegliere. Sperimentare per credere.

I moderni boy scout si chiamano *citizen scientists* e si occupano di questioni molto importanti

Standard olimpici

Un alfabeto universale per imparare a utilizzare i wc giapponesi, i più tech del mondo

In vista delle Olimpiadi che si svolgeranno a Tokyo nel 2020, il Giappone ha deciso di mettere mano a un problema piuttosto sentito dai turisti stranieri, di cui ci si attende un massiccio arrivo: le toilette. Le più diffuse sono quelle super tecnologiche che nel paese del Sol Levante si chiamano *washlet* (da *wash*, "lavare", e *toilet*) e che offrono all'utente (chiamiamolo così) una incredibile varietà di opzioni, tra cui per esempio riscaldare l'asse e igienizzare la tavoletta, far scorrere in varie direzioni getti di acqua calda o fredda, asciugare le zone intime con getti d'aria, coprire i rumori con un impianto sonoro che può emettere varie musiche o suoni di imitazione naturale e persino, nei modelli più raffinati, illuminare la tazza con i led per urgenze notturne. Un optional imperdibile. Tra luci, sensori, tasti, icone e parole in giapponese non è però semplice orientarsi e, le prime volte, persino sollevare la tavoletta può rappresentare un problema. Noi lo facciamo a mano, mente nelle *washlet* giapponesi, neanche a dirlo, è previsto un sistema automatico motorizzato che le richiude anche dopo l'uso. Fino ad oggi, ognuna di queste fantascientifiche toilette aveva comandi e tasti diversi decisi dal costruttore. In vista dei Giochi olimpici, però, l'associazione dei produttori di sanitari ha deciso di uniformare i comandi principali, scegliendo otto simboli che saranno uguali in tutti i modelli e che secondo i loro promotori sono assolutamente intuitivi (giudicate voi nell'immagine qui sotto: a cosa servono?). L'omologazione non toglierà comunque nulla ai turisti che avranno voglia di sperimentare. Per loro rimarranno sempre da provare tutti gli altri bottoni.

Rifiuti spaziali

«Che fai tu, luna, in ciel? Dimmi, che fai, silenziosa luna?», si chiedeva Giacomo Leopardi nella nota poesia *Canto notturno di un pastore errante dell'Asia*. La luna, il cielo, le stelle: chi almeno una volta non è stato rapito dalla loro bellezza, dal loro fascino, dall'emozione di sentirsi così piccoli davanti a questi oggetti così lontani, immersi nello spazio infinito e vuoto? In realtà, a proposito di spazio vuoto, è bene sapere che quello attorno alla Terra lo era molto di più fino al 4 ottobre 1957, quando una sfera di 58 centimetri di diametro, grande quindi più o meno come una lavatrice, aprì un'epoca e rimase nella storia. Si trattava dello Sputnik 1 (*sputnik* in russo significa "satellite"), il primo satellite artificiale lanciato nello spazio. A spedirlo in orbita fu l'ex Unione Sovietica, aprendo così la corsa alla conquista dello

spazio. Da allora, stando ai dati di Wikipedia, ne sono stati lanciati circa 6600, dei quali poco più della metà sono ancora in orbita attorno alla Terra. Cosa c'entra con i rifiuti? Il problema è che tra collisioni ed esplosioni di satelliti, stadi dei razzi abbandonati in orbita, scarichi dei motori e residui di carburante, tutto questo traffico spaziale ha generato un bel po' di spazzatura orbitale. Secondo l'Orbital Debris Program Office il programma della NASA (l'agenzia spaziale americana, National Areonautics and Space Administration) che se ne occupa, attorno alla Terra starebbero orbitando un numero esorbitante di oggetti prodotti dall'uomo, di varie dimensioni: oltre 21.000 frammenti più grandi di 10 centimetri, circa mezzo milione grandi tra 1 e 10 centimetri, oltre 100 milioni di dimensioni inferiori a un centimetro. Questi frammenti possono essere rischiosi, sia per i veicoli spaziali sia nel caso del loro rientro sulla terra, e per questo sono tenuti sotto osservazione. Se sono più grandi di tre millimetri possono addirittura essere rilevati da radar di terra! I frammenti in orbite con raggio inferiore a 2000 chilometri si muovono abbastanza rapidamente (sette, otto chilometri al secondo) e quindi anche le collisioni con i più piccoli di loro possono essere molto pericolose. Per proteggersi dagli urti, la Stazione spaziale internazionale dispone di schermi in grado di sopportare impatti con oggetti fino a un centimetro di diametro. Il rischio che sia colpita da detriti di dimensioni maggiori è comunque basso, anche perché un complesso sistema di sorveglianza è in grado di rilevare se un oggetto è in rotta di collisione e di ordinare di conseguenza alla Stazione spaziale un cambio di rotta (nel caso in cui la probabilità di collisione sia maggiore di uno su diecimila).
Quanto al pericolo per noi che stiamo con i piedi per terra, anche quello è relativamente modesto: i detriti che orbitano a 600 chilometri di altezza tipicamente ricadono dopo qualche anno; per quelli a 800 chilometri occorre anche qualche decennio; per orbite oltre 1000 chilometri i tempi di ritorno sono dell'ordine del secolo o più. Una buona parte dei detriti non sopravvive all'impatto con l'atmosfera e brucia prima di arrivare a terra. Gli altri hanno comunque un'alta probabilità di finire in mare o in zone desertiche: a tutt'oggi non sono state riportate conseguenze serie, né per persone né per oggetti, a causa di detriti spaziali piovuti sulla Terra.

Verso Marte

Il 4 luglio 1997 la sonda spaziale americana Pathfinder atterrò su Marte e fu la prima a trasportare un veicolo semovente, il rover Sojourner, che durante i suoi 83 giorni di esercizio inviò a terra moltissime fotografie del pianeta rosso e consentì di analizzarne in dettaglio la superficie. Fu una missione dall'impatto scientifico ed emotivo enorme, che si inserì nell'ambizioso progetto di esplorazione marziana avviato negli anni cinquanta. Il primo a parlarne, nel 1952, fu Wernher Von Braun, ingegnere tedesco, progettista dei temibili razzi V2 usati dalla Germania nazista e, dopo la guerra, direttore del Marshall Space Flight Center della NASA e capoprogettista del Saturno V, il razzo che portò la navicella Apollo sulla Luna. Oggi il sogno continua, e molti paesi hanno dei progetti dedicati al raggiungimento di questo obiettivo. L'allora presidente

americano Barack Obama, in un discorso del 2010, affermava per esempio di immaginare l'uomo in orbita attorno a Marte per la metà degli anni trenta di questo secolo, un'ipotesi su cui sta lavorando anche la Cina. Le difficoltà da risolvere sono naturalmente molteplici: tecniche, logistiche, psicologiche, sanitarie, finanziarie... la conquista di Marte è una vera sfida, dagli esiti ancora imprevedibili. Tra i tanti problemi delle missioni umane nello spazio, quello dei rifiuti umani non è probabilmente il più importante, ma non è neppure da trascurare e anche su quello si lavora ai massimi livelli. Nel 2016, ad esempio, la NASA ha lanciato una competizione intitolata Space Poop Challenge che metteva in palio 30.000 dollari per i migliori progetti di sistemi per il trattamento di deiezioni umane di vario genere, da implementare nelle tute degli astronauti e da usare in maniera continuativa fino a 144

Nel 2016 la NASA ha lanciato una competizione chiamata Space Poop Challenge

ore nelle fasi di lancio, rientro e comunque in situazioni in cui gli astronauti sono completamente equipaggiati (con tuta, casco, guanti, etc..). Al concorso hanno partecipato 150 gruppi da 130 paesi, con 21 finalisti e tre vincitori. E sempre la NASA ha testato in esperimenti di laboratorio e sulla Stazione spaziale internazionale un dispositivo denominato *Forward Osmosis Bag* (letteralmente "sacco a osmosi diretta") progettato per convertire acque grigie - e in particolare sudore e urina - in acqua potabile. Indubbia l'utilità sulle astronavi, ma anche per applicazioni terrestri. L'azienda che ha prodotto il prototipo usato dalla NASA ha usato la stessa tecnologia per la produzione di filtri per l'acqua portatile, che sono stati usati dopo i terremoti in Cile e ad Haiti nel 2010, e a seguito dell'uragano Katrina. Questi oggetti consentono di purificare in maniera efficace l'acqua in poche ore e sono quindi adatti a essere usati in situazioni di emergenza: un solo elicottero riempito di questi filtri svolge lo stesso servizio di 14 elicotteri pieni di bottiglie d'acqua. Il dispositivo è stato usato con successo anche in un progetto per la purificazione delle acque nel villaggio di Mudimbia, nel Kenya. Guarda infine ai viaggi di lunga durata, come quello verso Marte, un progetto di ricerca affidato sempre dalla NASA alla Clemson University in South Carolina e initolato Closing the Loop for Long-Term Space Travel ("chiudere il ciclo per i viaggi a lungo termine nello spazio"). Lo scopo è riciclare le feci umane per produrre cibo sintetico da utilizzare durante i viaggi spaziali. Nell'agosto del 2015 gli astronauti della Stazione spaziale hanno assaggiato la prima lattuga coltivata nello spazio, trovandola deliziosa. Forse per i loro colleghi, che tra qualche anno potrebbero collaudare il risultato del progetto, la barriera psicologica potrebbe essere un po' più alta, ma con le competenze scientifiche coinvolte il successo è assicurato!

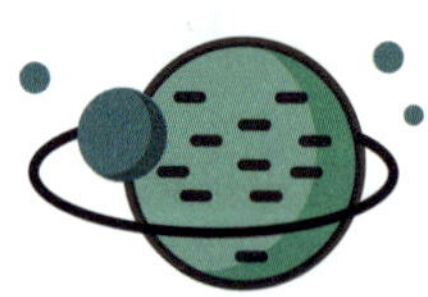

Un posto per le scorie

Ogni giorno in Italia si producono rifiuti radioattivi. Si tratta di materiali radiografici di consumo (lastre e reagenti), ma anche di quelli utilizzati nella cosiddetta medicina nucleare, di cui fanno parte per esempio la radioimmunologia e la radioterapia. Poi ci sono i materiali che diventano radioattivi quando vengono utilizzati per la sterilizzazione dei cibi confezionati (irraggiati per bloccare la proliferazione batterica) e vari altri tipi di materiali industriali. Questi rifiuti si sommano a quelli prodotti dal cosiddetto *decommissioning*, cioè dallo smantellamento e messa in sicurezza degli impianti nucleari spenti dal referendum del 1987. Rifiuti che a causa del decadimento radioattivo emettono radiazioni che hanno effetti dannosi per l'ambiente e la salute umana, per un periodo di tempo variabile fra i pochi secondi e le centinaia di migliaia di anni.
Esistono diverse classi di rifiuti radioattivi, alle quali corrispondono varie modalità di gestione, a seconda della concentrazione di radionuclidi e del tempo in cui la radioattività decade.
In Italia sono stati da sempre divisi in tre categorie (bassa, media e alta attività) in base alla loro pericolosità, fino alla nuova classificazione introdotta dal decreto ministeriale del 7 agosto 2015, in linea con i più recenti standard IAEA. I rifiuti radioattivi sono così oggi suddivisi in cinque tipologie: a vita media molto breve; attività molto bassa; bassa attività; media attività e alta attività.
Quelli a vita media molto breve e attività molto bassa, prodotti nell'ambito della ricerca o in medicina, si definiscono così perché la loro radioattività si esaurisce o torna al livello del fondo naturale del pianeta in tempi dell'ordine di pochi mesi o qualche anno.
Quelli a media attività provengono generalmente da centrali e

impianti nucleari ancora in fase di dismissione e includono comunemente scarti di lavorazione, rottami metallici, fanghi, resine esaurite. Perdono la loro radioattività nel giro di qualche secolo, mentre quelli ad alta attività o a vita lunga, rappresentati dagli elementi di combustibile usati nelle centrali nucleari quando erano in esercizio, decadono in tempi che possono arrivare alle centinaia di migliaia di anni. Per ridurne la pericolosità, i rifiuti radioattivi vengono stoccati e trattati con cura, ma la soluzione del problema impone oggi per legge la costruzione di un Deposito Nazionale dei rifiuti radioattivi in cui smaltirli. Un'opera che, almeno in Italia, appare più facile a dirsi che a farsi, già progettata nei minimi dettagli in base agli standard previsti dall'Agenzia internazionale per l'energia atomica (IAEA) dell'ONU e prevista dalla legge (quella italiana e la normativa europea), ma ancora ferma al palo. Eppure un'opera urgentissima, perché secondo le stime della Sogin - la società costituita dal governo italiano con il compito di occuparsi dello smantellamento degli impianti nucleari italiani e a cui è affidata anche la progettazione, la localizzazione, la realizzazione e la gestione del deposito unico nazionale delle scorie - questa infrastruttura è necessaria per chiudere definitivamente il ciclo elettronucleare, riportando le aree che oggi ospitano gli impianti al cosiddetto prato verde, ossia in una condizione priva di vincoli radiologici.

Complessivamente il Deposito Nazionale ospiterà per il 60 per cento rifiuti radioattivi prodotti dalle attività di smantellamento e per il 40 per cento prodotti dalle attività di medicina nucleare, industriali e di ricerca. Si tratta complessivamente di circa 90.000 metri cubi di rifiuti, dei quali 75.000 metri cubi a bassa e media attività, che saranno smaltiti definitivamente nel Deposito, e 15.000 metri cubi ad alta attività, che saranno stoccati temporaneamente nella struttura in attesa di essere destinati in via definitiva in un deposito geologico di profondità. Inoltre, saranno custoditi in contenitori metallici speciali di elevata resistenza e schermanti circa 1000 metri cubi di combustibile non riprocessabile, e residui del riprocessamento del combustibile (separazione di materiale riutilizzabile da rifiuto) effettuato all'estero, in Francia e in Inghilterra.

Il Deposito Nazionale attualmente previsto è infatti un deposito di

Il Deposito Nazionale delle scorie prevede uno stoccaggio gerarchico in base al livello di radioattività dei rifiuti

superficie, che verrà costruito su un'area di circa 150 ettari, di cui 40 dedicati a un parco tecnologico. Lo smaltimento in sicurezza dei rifiuti a bassa e media attività consiste principalmente in un sistema di "scatole cinesi". I rifiuti radioattivi a bassa e media attività verranno prima cementati e poi inseriti all'interno di appositi contenitori metallici simili a barili o grossi fusti. L'insieme di rifiuto cementato all'interno di questo contenitore viene definito manufatto. Tale manufatto viene a sua volta cementato all'interno di un modulo di calcestruzzo speciale progettato per resistere almeno trecento anni. Questi moduli verranno quindi inseriti in celle di cemento armato (la cosiddetta terza barriera) anch'esse progettate per resistere almeno trecento anni e infine il tutto verrà sigillato e ricoperto da un multistrato di materiali che formeranno una sorta di collinetta artificiale e garantiranno l'impermeabilità della struttura da eventuali infiltrazioni d'acqua.
I rifiuti ad alta attività saranno invece stoccati temporaneamente in sicurezza all'interno di appositi contenitori altamente schermanti e poi collocati in una diversa struttura denominata CSA, (Complesso Stoccaggio Alta attività) sullo stesso sito del Deposito Nazionale, in vista poi del loro successivo trasferimento in un deposito geologico di profondità.

Il Deposito Nazionale ospiterà **90.000 metri cubi** di rifiuti radioattivi

È utile sapere che il Deposito Nazionale ospiterà esclusivamente i rifiuti radioattivi prodotti in Italia, sulla base del principio, stabilito dalla IAEA e recepito dal decreto legislativo n. 45 del 2014, che ogni Paese deve gestire in proprio quelli che produce. Anche se la spesa complessiva prevista è piuttosto alta e ammonta a 1,5 miliardi di euro, che saranno finanziati dalla componente tariffaria A2 della bolletta elettrica degli italiani (che già oggi copre il *decommissioning* delle centrali), assai più costoso sarebbe non realizzare l'opera nei prossimi anni. I rifiuti infatti sono attualmente stoccati in vari depositi temporanei, ognuno dei quali ha altissimi costi di esercizio e manutenzione (fino a un milione l'anno), senza contare che se non saremo in grado di riprenderci i rifiuti spediti in Francia e in Regno Unito entro il 2025 saremo soggetti a salatissime penali: secondo le stime della Sogin, un ritardo di dieci anni nella costruzione del Deposito Nazionale comporterebbe costi fino a un miliardo di euro.

Ripulire gli oceani: The Ocean Cleanup

Gli oceani sono pieni di plastica. Anche se nessuno sa esattamente quanta ce ne sia e i dati scientifici a riguardo abbiano una grande variabilità.
Uno studio pubblicato nel 2014 sulla rivista "Plos One" stimava che in acqua ce ne fossero un minimo di 5,25 trilioni di pezzi, per un peso complessivo intorno alle 268.940 tonnellate. Nel 1975 una ricerca della National Academy of Sciences ipotizzava che negli oceani finisse ogni anno circa lo 0,1 per cento della produzione mondiale di plastica. Un nuovo studio, pubblicato su "Science" nel 2015, ha stimato invece che ogni anno arrivino in mare tra 4 e 12 milioni di tonnellate, ovvero

una quantità compresa tra l'1,5 per cento e il 4,5 per cento della produzione mondiale, predicendo che questo ammontare raddoppierà nei prossimi dieci anni. Secondo le stime, per ripulire i mari con le attuali tecnologie ci vorrebbero decine di migliaia di anni, con costi oltre che tempi proibitivi. Siamo quindi senza via d'uscita? Per proporre una soluzione e imporla a livello mondiale ci voleva l'entusiasmo e la spregiudicatezza di un adolescente. Lui si chiama Boyan Slat, è olandese e a soli 17 anni ha avuto l'idea di ripulire i mari sfruttando il sistema delle correnti, costruendo delle barriere di plastica galleggianti. Nel 2013 ha fondato una società, ha chiamato il tutto The Ocean Cleanup e ha messo on line il suo progetto su una piattaforma di crowdfunding, per raccogliere dagli utenti della rete i fondi necessari a metterlo in pratica. Ripulire gli oceani è forse il progetto ambientalista più vasto e ambizioso mai realizzato sul pianeta, eppure Slat in pochi mesi è riuscito a raccogliere sul web oltre un milione e mezzo di euro, con cui ha iniziato a costruire un prototipo del suo progetto, che ha messo in acqua nel Mare del Nord per una serie di test. L'idea di base è semplice quanto funzionale: le correnti spostano i rifiuti e li accumulano in posti specifici? Allora possono anche aiutarci a raccogliere la plastica, grazie a un sistema di barriere galleggianti che se ne serva per concentrare la plastica in luoghi precisi, facilitandone in un secondo momento la raccolta. The Ocean Cleanup è insomma un insieme di barriere modulari e scalabili, un muro di gomma a forma di grande U che si può ingrandire o ridurre a piacere aggiungendo o togliendo moduli, e che concentrerà in precisi punti dell'oceano la plastica galleggiante di dimensioni uguali o superiori a un centimetro. Secondo i modelli computerizzati elaborati dalla fondazione che lo stesso Boyan Slat ha costituito a scopo di ricerca per sostenere l'iniziativa, per ripulire oltre la metà della grande chiazza di rifiuti del Pacifico occorreranno appena cinque anni. La data d'inizio è già fissata al 2018: appuntamento al 2023 per vedere se ci sarà riuscito.

Ogni anno arrivano in mare **tra i 4 e i 12 milioni** di tonnellate di plastica

L'idea di un diciassettenne potrebbe cambiare le sorti dei nostri mari

Il bruco mangia-plastica

Sarà una farfalla a liberarci dal rifiuto più diffuso sul pianeta? Per la precisione potrebbero essere le sue larve: piccoli bruchi verdi dall'aspetto innocuo ma dalle potenti mandibole in grado di rompere la plastica. La notizia arriva dalla rivista scientifica "Current Biology", dove è stato pubblicato lo studio condotto da una ricercatrice italiana che

La *Ideonella* è in grado di distruggere **0,13 milligrammi** di PET per cm^2 al giorno lavora all'Istituto di biomedicina di Cantabria, Federica Bertocchini, relativo proprio alla capacità di questi bruchi di mangiare e digerire il polietilene. Si tratta della larva della farfalla *Galleria mellonella*, più nota comunemente con il nome di camola del miele o tarma della cera, che viene anche utilizzata come esca da pesca. Il polietilene è il più diffuso materiale plastico sul pianeta e rappresenta da solo il 40 per cento della produzione globale. La sua fortuna deriva dal fatto di essere uno dei materiali più versatili che esistano, ma è anche uno dei più difficili da smaltire. Le larve di *Galleria mellonella*, che in natura vengono deposte all'interno degli alveari, crescono cibandosi di cera d'api e, probabilmente proprio a causa di questa abitudine alimentare, hanno sviluppato la capacità di rompere i legami chimici del polietilene, che sono dello stesso tipo di quelli della cera. Normalmente le larve non mangiano la plastica, ma in caso di bisogno sono in grado di farlo. E così, quando Bertocchini, appassionata apicultrice che una volta l'anno ripulisce i suoi alveari, ha estratto le larve che vi erano state deposte dalla farfalla e le ha chiuse in un sacchetto per disfarsene, ha notato che i bruchi mangiavano la plastica per liberarsi, svelando questa loro straordinaria capacità. In anni recenti era già capitato che venissero isolati degli organismi capaci di digerire sostanze plastiche. Nel 2016, ad esempio, alcuni scienziati del Kyoto Institute of Technology avevano isolato un batterio, *Ideonella sakaiensis* 201-F6, capace di cibarsi di polietilene tereftalato (PET) grazie a due enzimi. La degradazione biologica del polietilene, che è un polimero particolarmente "duro" da rompere, era però ritenuta una possibilità molto remota, anche perché i microrganismi conosciuti in grado di procurarla, un fungo e un batterio intestinale che vive nel sistema digerente delle larve di *Plodia interpunctella*, la portano avanti in modo lento e poco efficace. La *Galleria mellonella* sul fronte dell'efficienza batte tutti di gran lunga: se la *Ideonella* distrugge 0,13 milligrammi di

Non mangia solo miele e cera. La *Galleria mellonella* è anche un'appassionata di plastica. E potrebbe essere la nostra fortuna

PET per centimetro quadrato al giorno, le sue larve ne digeriscono invece quasi il doppio ogni ora. L'interesse della scoperta deriva quindi principalmente da due fattori: la rapidità a cui avviene la degradazione del polietilene e l'osservazione che le larve di *Mellonella* non solo rompono la plastica bucandola e masticandola, ma la digeriscono trasformando il polietilene in glicole etilenico, un composto organico molto usato come anticongelante. La speranza ora è quella di scoprire presto se sia l'organismo delle larve di farfalla a digerire il polietilene o se a riuscirci sia invece un enzima in esso contenuto (come nel caso della *Plodia interpunctella*). In questo modo si potrà poi sintetizzare un composto per la biorimediazione delle discariche, in grado di degradare il polietilene in esse contenuto, possibilmente senza lasciare sul campo glicole etilenico (tossico per l'uomo). Impensabile invece adoperare allo scopo migliaia o milioni di vere larve di *Galleria mellonella*, uno dei principali nemici naturali delle api, già gravemente minacciate.

La carica in discarica

Chi ha qualche anno in più ricorderà la banconota da 10.000 lire. Chi è nato ai tempi dell'euro o poco prima può, invece, darle un'occhiata su internet. Di colore blu-grigio, riportava l'effigie di un signore nato nel 1745 e diventato molto famoso: Alessandro Volta. Un fisico e ingegnere, nato a Como, che oltre a quel riconoscimento ne ottenne molti altri, tra i quali uno mondiale e rarissimo: dare il nome a una unità di misura. Si tratta del volt, che indica il potenziale elettrico meglio noto come tensione: i 220 volt della presa elettrica o il volt e mezzo di una batteria stilo ricordano infatti proprio lui. Quelli assegnati a Volta furono riconoscimenti ben meritati, anche perché tra l'altro questo geniale scienziato italiano è entrato nella storia per essere stato l'inventore della pila elettrica, quel dispositivo onnipresente nella nostra vita che funziona come generatore portatile di energia elettrica.

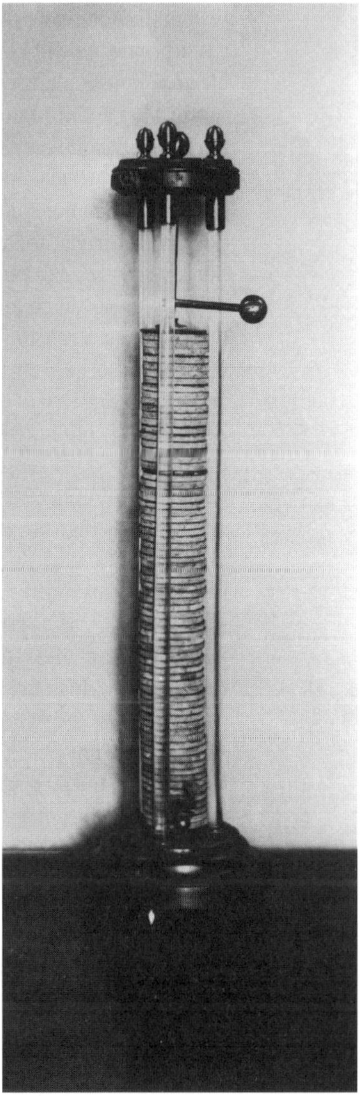

Le batterie sono uno strumento utilissimo ma anche un rifiuto difficile

Anche la pila elettrica naturalmente obbedisce al principio di conservazione dell'energia, in base al quale l'energia non si crea né si distrugge ma si trasforma. L'energia elettrica che preleviamo dai terminali della pila e che alimenta smartphone, gadget elettronici, elettrodomestici, automobili e molto altro viene infatti prodotta in reazioni di ossidoriduzione a spese dell'energia chimica immagazzinata nei componenti della pila, che variano a seconda del tipo: nichel, cadmio, biossido di manganese, zinco metallico, litio, solo per fare degli esempi. Le pile al litio, soprattutto quelle ricaricabili agli ioni di litio, sono oggigiorno le più note e le più usate nei prodotti elettronici. Uno tra i loro molteplici vantaggi, oltre alle ridotte dimensioni a parità di energia contenuta, è proprio quello di poter essere riutilizzate molte volte, se ricaricate. I primi studi sulle batterie al litio risalgono al 1912 e sono del chimico fisico americano Gilbert Lewis, ma è stato necessario attendere gli anni settanta affinché la ricerca su questi dispositivi entrasse nella sua fase matura e addirittura i primi anni novanta perché queste pile cominciassero ad affermarsi sul mercato, dove ora hanno un'importanza fondamentale, in particolare nel settore dell'elettronica di consumo. Le batterie sono destinate sempre più ad essere protagoniste della tecnologia e dei trasporti. Infatti, ad esempio, proprio allo sviluppo di batterie efficienti e leggere sono legate a doppio filo l'evoluzione e la diffusione delle auto elettriche. Lo scopo è ottenere pile sempre più compatte e di maggiore durata, affinché queste automobili possano diventare competitive in termini di autonomia con quelle a benzina. In generale la possibilità di svincolarsi dalla presa elettrica per lunghi utilizzi di apparecchi di vario genere è un benefit sempre più ricercato. Al mondo delle batterie e al loro miglioramento è legato dunque in parte il futuro del nostro sviluppo tecnologico, ma questi oggetti vanno maneggiati con grande cura, in particolare alla fine del loro utilizzo. Contengono infatti metalli

Curiosità sulle batterie

Ad Alessandro Volta, oltre che l'invenzione della pila elettrica, si deve anche la scoperta del metano. Praticamente è anche grazie a Volta che soddisfiamo una buona parte dei nostri bisogni energetici quotidiani.

Gilbert Lewis, il chimico fisico che iniziò la ricerca sulle pile al litio, coniò nel 1926 il termine *fotone* in una lettera alla rivista "Nature" per descrivere il quanto di energia elettromagnetica previsto da Einstein.

In Italia ogni anno, grazie al riciclo delle batterie per auto, si recuperano in media 100.000 tonnellate di piombo, 10.000 di plastica e si risparmiano 80 milioni di euro sulle importazioni di piombo.

Il termine *batteria* pare si debba a Benjamin Franklin, uno dei padri fondatori degli Stati Uniti e poliedrico scienziato, che nel 1748 descrisse una serie di bottiglie di Leida (un antico tipo di condensatore elettrico) che erano in grado di immagazzinare una significativa quantità di energia elettrica. Curiosamente, il termine *batteria* fu scelto, pare, in analogia con le batterie di cannoni.

tossici come mercurio, piombo e cadmio che, se finiscono in discarica insieme alle batterie che li contengono, possono diffondersi nell'ambiente, accumularsi, inquinare terreni e falde ed entrare nella catena alimentare. Le nuove pile al litio sotto questo aspetto hanno un impatto minore, ma il litio reagisce con l'ossigeno dell'aria, generando prodotti tossici ed è inoltre altamente infiammabile. Vietato quindi buttare le batterie nell'indifferenziato! Bisogna invece consegnarle - tutte, anche quelle "a bottone" degli orologi - ai punti di raccolta autorizzati (nei negozi, nei supermercati e nei posti di lavoro) o alle isole ecologiche, in modo che possano essere adeguatamente trattate. Delle batterie per auto si occupa invece direttamente l'elettrauto, consegnandole al Consorzio obbligatorio batterie al piombo esauste e rifiuti piombosi, che recupera il piombo, la plastica e l'acido solforico di cui sono fatte.

Con **7 vecchie** batterie per auto se ne fanno **5 nuove**

Il cestino sulla scrivania

Cancellare un file dal proprio computer non è esattamente come buttare un foglio nel cestino della carta straccia. Anche se l'icona sul nostro desktop somiglia proprio al secchio in cui buttiamo la carta a casa o in ufficio, nei computer il cestino consiste in realtà in una speciale cartella, in cui i file sono depositati in attesa di essere completamente eliminati con un secondo comando. La metafora del cestino, che rimanda all'oggetto fisico che in genere utilizziamo come contenitore a questo scopo, ha fatto la sua comparsa nel 1982, con lo sviluppo dell'interfaccia Apple Lisa, in cui la cartella per i file da buttare si chiamava *wastebasket* e aveva proprio l'aspetto di un secchio della spazzatura. Dopo questa prima apparizione, anche i sistemi operativi Microsoft adottarono la funzione del cestino come cartella posizionata sulla scrivania in cui trascinare o depositare in altro modo i file da eliminare. La Apple intentò un'azione legale per impedirlo, ma l'unica cosa che riuscì a

Dove si trova il cestino del computer? E dove vanno a finire i file che cancelliamo per sbaglio?

ottenere fu il riconoscimento dell'originalità dell'icona che aveva scelto, che da allora è coperta da copyright. Inizialmente i file spostati nel cestino venivano salvati nella memoria volatile (oggi la chiameremmo RAM) e si cancellavano automaticamente allo spegnimento del computer. Oggi invece è necessario eliminarli volontariamente e questa doppia cancellazione, composta dal primo spostamento dei file nel cestino e dalla loro successiva eliminazione attraverso lo svuotamento del cestino stesso, consente di minimizzare le possibilità di eliminare per sbaglio documenti importanti. In realtà i file eliminati dal cestino non vengono mai fisicamente eliminati. Il comando dato autorizza semplicemente il computer a sovrascrivere lo spazio in precedenza occupato da quei file, per salvarci altri dati. Per questo motivo, grazie ad alcuni programmi detti di *file recovery*, a volte è possibile recuperare i file eliminati, a patto che non siamo stati ancora sovrascritti.

6

Raccontano

Nei prossimi secoli il lavoro dell'archeologo potrebbe riservare qualche sorpresa. Per lo meno in termini di ambienti da esplorare. Le discariche sono già infatti considerate i siti archeologici del domani, in cui gli uomini che verranno studieranno la società dei consumi: perché le nostre scelte parlano di noi, a maggior ragione quando si tratta di rifiuti.
Il contenuto dei nostri immondezzai, e comunque tutto ciò che non ci serve più e che lasciamo in giro, ci racconta già moltissime storie, alcune edificanti e altre invece di cui non andare affatto fieri.

Se il permafrost si scioglie

Il permafrost non è più quello di una volta. Lo strato di suolo presente nei paesi del nord del mondo - che a seconda dei luoghi è rimasto gelato per decenni, secoli e in taluni casi anche per migliaia di anni - si sta squagliando. Fino a non molto tempo fa, pur essendo soggetto superficialmente a periodici scongelamenti di alcuni centimetri, in profondità risultava talmente solido da poter essere utilizzato come fondamenta per l'edilizia e per la realizzazione di infrastrutture; ma oggi, a causa del riscaldamento globale, ha iniziato a diventare molle e insidioso. Le case si inclinano, i ponti si crepano, le strade si storcono e le prime migrazioni ambientali dai paesi del nord sono già alle porte. Migliaia di persone che abitano oltre il Circolo polare artico dovranno lasciare i loro luoghi di residenza quando la terra sarà troppo morbida per continuare a viverci sopra. In Russia, Norvegia, Cina, Canada, Groenlandia e Stati Uniti il permafrost è (sarebbe meglio però dire *era*) presente in ampie porzioni di territorio e il suo scioglimento è una minaccia non solo per questi paesi ma per il mondo intero. Secondo la statunitense National Oceanic and Atmospheric Administration (NOAA), intrappolata nei ghiacci c'è infatti un'enorme quantità di CO_2 (tra 1330 e 1580 miliardi di tonnellate, ovvero circa la metà di quella attualmente presente nell'atmosfera) che verrà rilasciata quando il ghiaccio si scioglierà, amplificando il riscaldamento globale. E non è neppure finita qui. L'Unione mondiale per la conservazione della natura (IUCN) ha infatti stimato che intrappolate sotto il permafrost ci siano 2,5 gigatonnellate di clatrati (o idrati) di metano (gas metano in forma solida, congelato per effetto di temperatura e pressione), che si starebbero già scongelando, liberandosi prima in acqua e poi nell'aria. L'orizzonte temporale non

Sotto il permafrost si nascondono molte cose che potrebbero tornare in superficie. E in alcuni casi sarebbe decisamente meglio di no...

GEOLOGY AND PALÆONTOLOGY.

Vincent Brooks, Day & Son, Lith.

E se vi dicessimo che il cambiamento climatico potrebbe rimettere in circolazione la peste bubbonica?

Parola del giorno: permafrost

Il termine *permafrost*, formato dall'unione di *permanent* ("permanente") e *frost* ("gelato") viene usato in geologia per indicare lo strato di suolo che nei climi freddi, per esempio sulla cima delle grandi montagne, e a latitudini generalmente superiori a 60° rimane permanentemente ghiacciato. Generalmente questo tipo di suolo si trova a una profondità di qualche metro, mentre la parte superiore è invece soggetta a periodici scongelamenti e ricongelamenti. Secondo alcune stime il permafrost si estende sotto circa un quinto delle terre emerse.

è lungo, si parla di 20-30 anni. Molti di noi, quindi, faranno in tempo a vedere e quali saranno gli effetti di questa bomba ecologica sul clima. Come se non bastasse, lo scioglimento del permafrost sta già palesando un'altra minaccia per l'uomo, riportando alla luce i rifiuti di decine, centinaia, migliaia di anni fa. Rifiuti organici sepolti nel terreno, ma anche cadaveri umani e di animali, sotterrati insieme ai virus che li hanno uccisi. Il problema è che mentre un intero organismo assiderato (per esempio un mammut) non riprende a vivere anche se viene scongelato, virus e batteri sono molto più resistenti e, una volta riportati a temperature più alte, tornano in piena attività. Nell'agosto del 2016, per fare un esempio, le temperature sopra la media registrate in Siberia hanno provocato un insolito scongelamento del permafrost, che ha riportato alla luce la carcassa di una renna morta circa ottant'anni prima per contaminazione da antrace. Quando la renna si è scongelata, il batterio di antrace è tornato in attività e le sue spore si sono diffuse nei pascoli, uccidendo molte altre renne, e causando la morte di un bambino. Sono già numerosi i batteri tornati in attività che si ritenevano scomparsi e purtroppo, tra gli altri, ci sono anche ceppi di malattie gravissime come... la peste bubbonica.

L'ultimo chiuda la porta

Dimenticato nulla? Spente le luci? Presa la spazzatura? L'ultimo chiuda la porta, mi raccomando! Forse la chiusura della super segreta base americana di Camp Century, tra i ghiacci della Groenlandia, non sarà andata proprio così. È però un dato di fatto che nel 1967 la base, costruita nel 1959 dal corpo degli ingegneri dell'esercito americano e a quel

!

La base segreta Camp Century poteva contenere fino a **200 soldati**

punto non più utilizzata, è stata abbandonata con l'idea che i ghiacci perenni avrebbero tenuto sepolti i suoi segreti per sempre. E i suoi rifiuti. Forse però non sarà così, e questo potrebbe rappresentare un problema, secondo quanto afferma un articolo scientifico pubblicato da William Colgan e i suoi collaboratori nell'autorevole rivista "Geophysical Research Letters".
Tutto parte da quello che avrebbe potuto essere uno scenario degno di un film di 007, ma che era invece uno dei teatri di quel confronto tra le superpotenze che ha caratterizzato la storia mondiale dal secondo dopoguerra alla caduta del muro di Berlino. Terminato il conflitto, la crescente disponibilità di bombardieri a lungo raggio in grado di sganciare ordigni nucleari portò all'attenzione dei comandi militari la rotta artica - la più breve tra gli Stati Uniti e l'ex Unione Sovietica. Nel 1951, dopo la firma di un trattato tra gli Stati Uniti e la Danimarca, cui l'immensa isola appartiene, gli Stati Uniti costruirono in Groenlandia tre basi aeree. Nel 1959 fu la volta di quella sotterranea di Camp Century, a una profondità di circa otto metri e in grado di ospitare fino a 200 soldati. Ufficialmente la base doveva servire a studiare i ghiacci artici e a sperimentare nuove metodologie di costruzione in condizioni climatiche estreme, ma c'era dell'altro. La base, infatti, rientrava nel segretissimo progetto Iceworm (verme di ghiaccio), nel quale si studiava la possibilità di edificare siti per lo stoccaggio e il lancio di missili balistici a testata nucleare sotto la calotta di ghiaccio. Un reattore nucleare, uno dei primi "portatili", garantiva il fabbisogno di energia della base. Il progetto Iceworm fu interrotto nel 1963 e Camp Century cominciò a perdere importanza fino al suo completo abbandono, nel 1967. Quando ciò accadde si pensò che i ghiacci eterni avrebbero preservato il suo contenuto, e i suoi rifiuti. Come descritto nell'articolo di Colgan, a Camp Century furono abbandonati circa novemila tonnellate di edifici e ferrovie, rifiuti chimici - carburanti

Un giorno i segreti militari potrebbero essere svelati proprio dallo scioglimento dei ghiacci. Come quello del progetto Iceworm

e policlorobifenili (PCB) - rifiuti biologici, come scarichi fognari e acque grigie, e rifiuti radioattivi, come il liquido di raffreddamento del reattore. Questi ultimi, peraltro, in quantità di gran lunga inferiore a quella dispersa nell'ambiente (e solo in parte recuperata) a causa della caduta, in un luogo non molto distante, di un bombardiere B-52 che trasportava bombe atomiche. La camera di reazione del reattore nucleare fu invece portata via. L'ipotesi di un'eterna tomba di ghiaccio per questi rifiuti è stata messa in discussione dagli studi del gruppo di Colgan. Simulando l'evoluzione dello strato di ghiaccio nell'area, gli scienziati hanno infatti concluso che - sulla base dei modelli climatici oggi noti - esiste uno scenario possibile secondo il quale entro circa il 2090 lo strato di ghiaccio passerà da una situazione di netto accumulo a una di netto scioglimento. Poiché per quella data le immondizie di Camp Century saranno sepolte sotto uno strato di circa 67 metri di ghiaccio, occorreranno altri 90 anni affinché esse siano dissepolte e probabilmente anche meno perché la percolazione dell'acqua generata dallo scioglimento del ghiaccio possa portare in giro gli inquinanti, e in particolare il temuto PCB. Non è l'unico scenario possibile, come gli stessi ricercatori ammettono, e altri prevedono periodi più lunghi per lo scioglimento; ma chiaramente

questi risultati evidenziano come il riscaldamento globale origini problemi - oltre a quelli ben noti - inaspettati e potenzialmente gravi. Un ulteriore esempio lo propone Michael Gerrard in un articolo sulla "SAIS Review of International Affairs": le scorie radioattive derivanti dalle 67 bombe nucleari esplose dagli Stati Uniti negli atolli di Bikini e Enewetak, nelle isole Marshall, sono state in parte immagazzinate in loco, nel cratere provocato da uno degli ordigni, e coperte da uno strato di cemento. Se a causa del riscaldamento globale il livello dell'oceano Pacifico arriverà a sommergere questo cratere - il cui tappo di cemento si sta peraltro già deteriorando - e se nel frattempo non si prenderanno contromisure, le conseguenze potrebbero essere drammatiche. La realtà, purtroppo, a volte va ben oltre l'immaginazione.

The waste makers

Compra adesso, il lavoro che salverai potrebbe essere il tuo! (*Buy now, the job you save may be your own!*). Compra la tua via per la prosperità! (*Buy your way to prosperity!*). Compra, compra, compra; è il tuo dovere patriottico (*Buy, buy, buy; it's your patriotic duty*). Slogan come questi si leggevano e ascoltavano quasi ovunque, negli Stati Uniti in recessione del secondo dopoguerra e fino a tutti gli anni cinquanta. Sembrano inventati da un pubblicitario a beneficio dell'ufficio vendite di qualche multinazionale, ma furono invece diffusi nientemeno che dal governo americano, con lo scopo di sostenere la domanda interna e di conseguenza la produzione industriale, incoraggiando la popolazione all'acquisto di sempre nuovi beni. Uno dei maggiori promotori di questa campagna "sociale" fu il presidente Eisenhower in persona, convinto assertore della necessità di "comprare oggi" per far ripartire l'economia nazionale e uscire dalla crisi. Questi entusiastici e indiscriminati inviti a consumare furono per un periodo piuttosto pressanti e influenzarono profondamente le abitudini del popolo americano, con effetti ancora oggi osservabili. Negli stessi anni in cui venivano diffusi, tuttavia, già si levavano le prime voci che mettevano in dubbio l'esaltazione di un modello economico basato sulla continua crescita e l'indiscriminato consumo delle risorse ambientali. Una delle più autorevoli fu quella del giornalista e sociologo americano Vance Packard, che diede alla luce due saggi divenuti famosi in tutto il mondo: *I persuasori occulti* e *The Waste Makers* (letteralmente "I produttori di rifiuti"), in cui l'autore documentava e analizzava con spietata oggettività i *trend* in atto nella società americana. Nel primo, Packard svelava la manipolazione del consumatore, da parte di esperti del marketing e psicologi, messa in atto per indurre continuamente nuovi bisogni e stimolare gli acquisti. In *The Waste Makers* studiava invece l'affermazione del modello capitalistico e il tentativo

«Un bene durevole? È un bene che dura più dell'ultima rata necessaria per finire di pagarlo»

(Vance Packard, *The Waste Makers*)

(riuscito) dell'economia americana di superare il momento di crisi e l'imminente saturazione del mercato che si stava profilando negli anni cinquanta a causa della forte crescita dei bisogni (le famiglie medie disponevano ormai di tutto ciò di cui avevano *realmente* bisogno) e del conseguente crollo degli acquisti. Packard documentava il successo della teoria dell'obsolescenza programmata, del passaggio dall'acquisto "durevole nel tempo" a quello di beni intesi per essere sostituiti dopo un certo periodo con la conseguente creazione di nuovi bisogni. E alla fine del libro provava persino a suggerire una soluzione. Per invertire la rotta e uscire dal circolo vizioso del consumo al solo scopo di consumare, che poi è anche consumo di risorse naturali e produzione di quantità gigantesche di rifiuti, è necessario restituire importanza ai concetti di qualità, risparmio e conservazione degli equilibri ambientali. Accadeva cinquant'anni fa, e non abbiamo ancora iniziato.

Le città invisibili: Leonia

"(...) più che dalle cose che ogni giorno vengono fabbricate vendute e comprate, l'opulenza di Leonia si misura dalle cose che ogni giorno vengono buttate via per far posto alle nuove. Tanto che ci si chiede se la vera passione di Leonia sia davvero come dicono il godere delle cose nuove e diverse, o non piuttosto l'espellere, l'allontanare da sé, il mondarsi d'una ricorrente impurità. (...)
Ogni anno la città si espande e gli immondezzai devono arretrare più lontano; l'imponenza del gettito aumenta e le cataste si innalzano, si stratificano, si dispiegano su un perimetro più vasto (...)"

(Italo Calvino, *Le Città Invisibili*, 1972)

Più che il PIL... il RIL

E se il benessere di una nazione, anziché dal suo prodotto interno lordo fosse indicato dalla quantità di rifiuti che produce? L'idea è venuta nel 1961 a Henry Winthrop, docente di sociologia dell'università della Florida Meridionale, negli Stati Uniti, che ha inventato un nuovo indicatore annuale, il *Gross National Waste* (GNW), che in italiano si potrebbe tradurre come "rifiuto interno lordo (RIL)". Secondo Winthrop il "RIL", essendo anch'esso, sia pur indirettamente, collegato al reddito, potrebbe essere usato meglio degli indicatori che misurano la produzione di beni per valutare il benessere di un paese. A sorpresa, lo studioso ipotizza però anche che quantità e tipologia dei rifiuti prodotti possano essere indizio di particolari... patologie sociali.

Il rifiuto interno lordo potrebbe essere un nuovo indicatore nazionale. Ma sarà di benessere?

Garbology

Dimmi cosa butti e ti dirò chi sei. Una nuova scienza ci studia attraverso ciò che mettiamo tra i rifiuti

Abbiamo conosciuto e studiato la civiltà egizia dalle tombe dei faraoni e dagli oggetti artistici e artigianali che ci ha lasciato, quella romana e la greca dai resti delle città e dalle opere d'arte giunte fino a noi. Altre civiltà invece, più lontane, le abbiamo studiate dai rifiuti dei primi insediamenti documentati: ossa, pietre appuntite, residui di fuochi o di cibo. E questo potrebbe essere anche il nostro destino. Gli archeologi del futuro, se vorranno conoscere a fondo la nostra civiltà, potrebbero infatti

Cosa raccontano dell'UE i **476 kg** di rifiuti per abitante prodotti nel 2015?

ricavare molte utili informazioni da siti assolutamente particolari: le discariche. La nostra dieta, le abitudini sociali e molte altre caratteristiche della società dei consumi saranno descritti dai materiali di cui ci siamo disfatti nel tempo e, solo per fare un esempio, già alcuni studi stabiliscono nessi tra la maggiore o minore presenza di pannolini in discarica e l'andamento demografico nella popolazione. Ne è nata anche una materia universitaria: la rifiutologia (in inglese *garbology*), i cui primi passi sono stati mossi negli anni settanta nell'University of Arizona dal professor William Rathje. Una disciplina scientifica che ha molto in comune con l'archeologia, ma che, oltre all'osservazione e allo studio dei rifiuti dal punto di vista storico, antropologico e sociologico, mira alla comprensione del loro comportamento nel tempo e nell'ambiente in cui vengono depositati, avendo tra i suoi scopi l'ideazione e la proposta di interventi per migliorare la gestione dei siti di raccolta.

Razzismo ambientale

I rifiuti dicono molte cose di noi e tra le altre che... siamo razzisti. Nel 1983 il Government Accountability Office degli Stati Uniti ha pubblicato un rapporto in cui si mettono in correlazione le località scelte per quattro depositi di rifiuti pericolosi con la composizione etnica dei residenti dell'area. Il rapporto introduce il concetto di razzismo ambientale, sottolineando come la scelta dei luoghi in cui smaltire i rifiuti sia direttamente legata alla popolazione che vi abita. Poiché opporsi ai rifiuti pericolosi richiede tempo, denaro e relazioni politiche - e queste risorse scarseggiano in alcune fasce della popolazione e in particolare tra alcune minoranze etniche -, la scelta dei siti in cui depositare materiali pericolosi può infatti non essere casuale o determinata da motivi ambientali, ma essere legata proprio a questi fattori. Oggi l'espressione "razzismo ambientale" è utilizzata per descrivere i casi in

cui minoranze etniche socialmente marginalizzate vengono più o meno intenzionalmente esposte a maggiori dosi di agenti inquinanti o private di accesso a risorse naturali - quali acqua, aria pulita, terra coltivabile - in favore di altri gruppi umani o di aziende.
L'espressione può essere riferita ai rapporti tra grandi potenze e paesi in via di sviluppo, ma anche a quelli tra componenti di una stessa nazione. A livello internazionale, sono esempi di "razzismo ambientale" le politiche legate all'esportazione di rifiuti pericolosi - il cui smaltimento è costoso o vietato alcune nazioni - in paesi (tipicamente in via di sviluppo) in cui la legislazione ambientale è meno stringente.

Esiste una nuova forma di razzismo, che sceglie quali popolazioni esporre a un maggiore inquinamento

Messaggio importante per uomini del futuro

Le piramidi, il Colosseo, la Torre Eiffel, il Ponte di Rialto, la Grande Muraglia, il Taj Mahal: se pensiamo alle eredità che ci giungono dalle civiltà del passato, esempi come questi ci vengono facilmente alla memoria. Ma quale sarà invece la nostra eredità? Cosa resisterà nel tempo, tra tutti i prodotti della nostra cultura, per centinaia, migliaia o decine di migliaia di anni? Difficile prevederlo, però una cosa è certa: almeno una delle cose che abbiamo prodotto avrà vita lunghissima: i rifiuti nucleari. Quelli ad alta attività rimarranno radioattivi e pericolosi per centinaia di migliaia di anni e, per intenderci, le piramidi - che sembrano giungere da un passato remotissimo - ne hanno appena 4500 mentre il Colosseo ne ha circa 1950. Come comportarsi allora con qualcosa di così pericoloso e, in particolare, come avvertire gli uomini del futuro che in un determinato sito saranno conservate delle scorie nucleari? L'intera tradizione scritta della specie umana ha appena cinquemila anni e non esiste alcun metodo conosciuto per garantire la trasmissione di una conoscenza per migliaia di anni. Dinastie, movimenti culturali, istituzioni scientifiche: tutto quel che conosciamo è durato pochi secoli al massimo. Persino le religioni, le più durevoli creazioni umane fino a oggi, non hanno più di qualche millennio. Se il problema di come e dove conservare i rifiuti in modo sicuro è ancora da risolvere, parallelamente se ne pone un altro ugualmente importante, che sta costringendo i ricercatori ad arrovellarsi da alcuni decenni: in che modo informare chi verrà della presenza di questi depositi e della loro pericolosità? Come potremo assicurare il trasferimento della nostra conoscenza alle prossime 30.000 (secondo una stima) generazioni? Insomma non è solo questione di costruire un deposito super sicuro, ma anche, una volta chiusa la porta, di attaccarci sopra un cartello che spieghi perché starne distanti. Quale lingua sarà ancora comprensibile tra centomila anni? E quali simboli? A porsi per primo il problema è stato il Dipartimento dell'energia degli Stati Uniti, che nel 1981 ha radunato un gruppo di esperti (ingegneri, archeologi, linguisti) per discuterne. Lungi dal proporre una soluzione, i ricercatori si limitarono a suggerire che il messaggio avrebbe dovuto essere trasmesso sia con segni fisici sia con tradizioni orali. Nel 1984 la rivista tedesca "Zeitschrift für Semiotik" decise di tentare un altro approccio e rivolse la domanda ai suoi lettori, pubblicando poi le

In quale lingua comunicare con chi nascerà tra 30.000 generazioni per avvisare del pericolo?

risposte più interessanti.
Eccone alcune. Lo scrittore Stanisław Lem propose di creare una rete di satelliti artificiali che trasmettessero dalla loro orbita le informazioni alla terra per millenni, oppure di codificare il messaggio relativo al deposito delle scorie nel DNA di alcuni fiori, creando delle speciali "piante informative" da coltivare solo vicino ai depositi. Non risolse però il dilemma di come interpretare queste informazioni nel futuro, spostando di fatto il problema. Il semiologo Thomas Sebeok propose, invece, di creare una sorta di "sacerdozio atomico" (*atomic priesthood*), una specie di "chiesa nucleare" in cui la conoscenza, secondo il modello della Chiesa cattolica che ha preservato e tramandato la sua conoscenza per oltre duemila anni, venisse trasmessa attraverso rituali e miti. Una delle proposte più curiose fu poi quella dei semiologi Françoise Bastide e Paolo Fabbri, che pensarono di inventare Ray Cat, un gatto radioattivo e mutante, capace di cambiare colore in presenza di radiazioni, come un contatore Geiger a quattro zampe. Il fisico Emil Kowalski puntò tutto invece sulla costruzione di un deposito protetto da una tecnologia che lo rendesse quasi inespugnabile. In questo modo, solo un popolo sufficientemente intelligente sarebbe riuscito a entrarvi e, dunque sarebbe stato in grado, con tutta probabilità, di tradurre i segnali di pericolo.

Storia delle fognature

Le linee della metropolitana di New York hanno una lunghezza totale di circa 1370 chilometri. La rete fognaria della città si estende per 12.000 chilometri, circa nove volte tanto. Quella di Roma per 3100 chilometri. Basterebbero questi numeri per rendersi conto di quanto le fognature siano un elemento essenziale nella vita di una città moderna. D'altro canto, esse sono talmente integrate nelle infrastrutture cittadine che probabilmente neppure ci rendiamo conto delle loro dimensioni. Fin dall'antichità l'uomo si è confrontato col problema di allontanare acque di varia natura, sia superficiali, come quelle meteoriche, sia provenienti da attività umane di vario genere. La storia delle fogne

Liberarsi delle deiezioni è sempre stata una necessità. La storia delle fognature racconta qualcosa di noi

inizia migliaia di anni fa. Nelle isole Orcadi, a nord della costa scozzese, si trova il sito di Skara Brae, uno degli insediamenti neolitici meglio preservati, che si ritiene sia stato abitato tra il 3100 e il 2500 a.C. e che oggi rientra nella lista dei luoghi patrimonio dell'umanità dell'UNESCO. A quei tempi le comodità erano un lusso, eppure il complesso residenziale di Skara Brae era già dotato di un rudimentale sistema di drenaggio, che convogliava gli scarichi delle singole dimore lontano dal villaggio. Ancora prima, del resto, le civiltà che si susseguirono nell'odierno Iraq dal 5500 a.C al 500 a.C. circa, tra le quali sumeri, accadi e babilonesi, furono accomunate dall'uso di sistemi di tubazioni di scarico, latrine e pozzi neri. Anche le popolazioni che attorno al 3000 a.C. vivevano nella regione del fiume Indo realizzarono canali fognari aperti, che venivano alimentati con acque provenienti da corsi d'acqua e che convogliavano i rifiuti lontano dai luoghi abitati. In generale l'edificazione di sempre migliori impianti fognari sembra accompagnarsi a quella di civiltà via via più evolute. Veri maestri nel campo furono per esempio gli antichi romani, che costruirono il più complesso sistema di trasporto urbano delle acque (fogne e acquedotti) del mondo antico, il cui modello fu anche esportato in molti dei territori che conquistarono. Senza dubbio il collettore fognario romano più famoso è la Cloaca Massima, che iniziò nel sesto secolo a.C. con la canalizzazione di un corso di acque di scolo che dal Foro Romano si dirigeva verso il *Vicus Tuscus* seguendo poi un percorso che attraversava il Velabro, il Foro Boario e andava infine a gettarsi nel Tevere all'altezza di Ponte Emilio. Originariamente a cielo aperto, attorno al secondo, primo secolo a.C. fu coperta da una volta e, in alcuni tratti, raggiunge oltre tre metri di altezza e oltre quattro di larghezza.
Il sistema fognario romano in molti casi rimase in attività per secoli dopo la caduta dell'Impero, in particolare negli "anni bui" del Medioevo, quando vi fu una regressione nella costruzione e nell'uso di queste importanti infrastrutture. Occorre arrivare alla seconda rivoluzione industriale, nel 1800, affinché nelle grandi città - sempre più densamente popolate e quindi con drammatici e crescenti problemi igienici - iniziasse a svilupparsi il moderno sistema fognario.

Quanta droga si consuma in Europa?

Le fogne parlano. E non sempre narrano storie piacevoli. È il caso, ad esempio, di quanto hanno raccontato ai ricercatori dell'European Monitoring Centre for Drugs and Drug Addiction (Osservatorio europeo delle droghe e delle tossicodipendenze, un'agenzia dell'Unione Europea), che hanno studiato il consumo delle droghe in 53 città appartenenti a 20 paesi europei, analizzando per

Nel **2013** sono state analizzate le fogne di **53** città, per verificare il consumo di droga

!

l'appunto gli scarichi fognari. L'analisi, condotta nel 2016, si basa sulla ricerca dei residui di droghe illecite nelle acque reflue. Il procedimento in principio è relativamente semplice: dato che, una volta assunte, le droghe lasciano una firma indelebile nelle nostre urine, si prelevano campioni di liquidi fognari e si va alla ricerca delle loro tracce. Esse si manifestano in forma diretta come residui - dato che la nostra pipì contiene memoria di gran parte delle sostanze che consumiamo - e in forma indiretta come metaboliti. Questi ultimi sono composti chimici risultato del metabolismo, ovvero di quell'insieme di reazioni chimiche che avvengono in ogni organismo vivente e che sono alla base della sua stessa vita. Quando il nostro organismo metabolizza gli stupefacenti, ad esempio la cocaina, produce delle sostanze precise che, se rilevate nell'urina, sono indice del consumo di quella droga. Una volta identificate e quantificate le concentrazioni di questi residui, conoscendo il numero di persone servite da quel particolare tratto fognario e il flusso di acque reflue, si risale a una stima del consumo di particolari tipi di droghe. Lo studio ha riguardato cocaina, anfetamine, metanfetamine ed ecstasy. I risultati sono naturalmente soggetti a dei margini di errore, come gli stessi ricercatori spiegano nel loro rapporto (che si può trovare nel sito

Quando consumiamo delle droghe, il nostro metabolismo produce sostanze specifiche. Qualcuno è andato a cercarle nelle fogne

dell'Osservatorio), ma forniscono comunque delle informazioni interessanti e consistenti insieme a quelle ottenute da altre fonti, come i sequestri da parte delle forze dell'ordine. Ad esempio il consumo sembra diversificato per area geografica. Quello di cocaina risulta maggiore nei paesi dell'Europa occidentale e meridionale - ai primi posti per l'uso della cocaina rilevato con questa metodologia ci sono Anversa, Londra, Zurigo, Barcellona, Molina de Segura ed Eindhoven - mentre le anfetamine sono più comuni nell'Europa centrale e del nord. La ricerca evidenzia anche una tendenza alla crescita nel consumo durante il fine settimana.

Relazioni (micro) sociali

200 milioni di anni fa i dinosauri avevano già un luogo appartato per i loro bisogni

!

Le feci delle varie specie animali, proprio come gli animali stessi, differiscono tra loro per dimensioni, colore, odore, forma e contenuto. Ogni variabile porta con sé molte informazioni in merito alle abitudini, alle condizioni di salute e alla dieta dell'individuo che le ha prodotte, il che spiega perché questi particolari "rifiuti" sono spesso oggetto di studio. Secondo una recente ricerca apparsa su "Proceedings of the National Academy of Sciences", le feci avrebbero poi anche un ruolo importante nella vita sociale di alcuni animali. Dai pallini dei conigli agli escrementi liquidi degli uccelli, dalle feci tubolari e arrotolate dei cani a quelle... quadrate del vombato, ciò che gli animali lasciano dietro di sé racconta quindi anche come si comportano tra loro. Nel caso del vombato, per esempio, è particolarmente evidente. Questo lontano parente del koala, che vive in Australia, dorme fino a 16 ore al dì e durante il giorno vive per lo più nascosto sotto terra, mentre di notte esce per cercare cibo e per depositare i suoi cubici escrementi. Essendo un animale notturno, la sua vista non è molto sviluppata, ma in compenso ha un ottimo olfatto che usa per trovare cibo e per orientarsi. Come tutti gli esseri viventi che non si spostano molto, è un animale piuttosto territoriale e i numerosi cubetti di sterco che dissemina intorno alla sua tana (può produrne anche un centinaio a notte) sono fondamentali per marcare il territorio e, in base alle teorie dei ricercatori, per scambiare informazioni con altri membri della propria comunità. Come mai però questa specie di piccolo orsetto produce le uniche feci cubiche di tutto il regno animale? Il vombato ha un intestino molto lungo e una digestione lentissima, che può durare oltre due settimane. Il suo intestino nel primo tratto è rigido e corre lungo due piani paralleli e due perpendicolari di modo che, attraversandolo, le feci si conformano come una sorta di parallelepipedo. Durante la lunga digestione, la materia digerita diventa sempre più asciutta e compatta, mantenendo la forma iniziale che all'atto dell'"emissione" si rompe semplicemente in pezzi più piccoli, somiglianti a cubi. La

Il vombato produce feci cubiche, che raccontano qualcosa delle sue abitudini

loro particolare conformazione si rivela inoltre molto utile: il vombato defeca sulla cima di sassi e piccole colline, così che le sue tracce odorose siano più facili da trovare per gli altri animali e la forma cubica impedisce alle feci di rotolare giù.

Si può scoprire molto delle abitudini sociali degli animali persino se i loro escrementi risalgono a milioni di anni fa. Un recente ritrovamento ha per esempio dimostrato che anche i dinosauri si servivano di gabinetti, luoghi comuni utilizzati da tutti i membri del branco per defecare. La scoperta si deve a un gruppo di paleontologi, che ha rinvenuto nell'Argentina nordoccidentale un'enorme pila di sterco fossile risalente a oltre 200 milioni di anni fa e prodotta da *Archosauriformes*, rettili simili a rinoceronti che circolavano ai tempi dei primi dinosauri. Un ritrovamento particolarmente interessante perché si pensava che questo tipo di comportamento, che oggi si osserva in molte specie, fosse comparso milioni di anni dopo l'estinzione dei dinosauri.

Uguisu no fun
(la bellezza ha un costo)

L'usignolo dei cespugli giapponese, piccolo uccello che vive quasi esclusivamente sull'isola di Kyushu in Giappone, con il suo rinomato canto potrebbe raccontare più di una storia interessante. Per esempio quella delle geishe e degli attori del teatro kabuki, che utilizzavano creme di bellezza realizzate a partire dai suoi escrementi per rimuovere il

L'usignolo dei cespugli è lungo circa **120** **millimetri**

Le geishe lo usavano per struccarsi e oggi le star se ne servono come prodotto di bellezza, ma... è fatto con le feci dell'usignolo

pesante trucco bianco a base di zinco e piombo che utilizzavano come "fondotinta" e che, alla lunga, causava loro seri problemi cutanei. L'uso di queste creme di bellezza fu introdotto in Giappone dai coreani, ed è documentato a partire dal periodo Heian (794-1185) anche se si è diffuso nel periodo Edo (1603-1868) ed è giunto fino ai nostri giorni sotto forma di costosissime creme di bellezza dalle proprietà sbiancanti e riparatrici. *Uguisu no fun* (così si chiama questo tipo di crema: "feci di usignolo"), grazie alla leggera azione esfoliante che si deve alla presenza di guanina, una sostanza che dona al colorito un aspetto luminoso, oltre che pulire la pelle le restituisce brillantezza e, a questo scopo, veniva utilizzata anche dai monaci buddisti, per lucidarsi e pulirsi le teste rasate.

Sarà anche fatto con escrementi, ma un sapone *uguisu no fun* costa almeno **30 euro** €

Le proprietà sbiancanti delle feci dell'usignolo dei cespugli erano sfruttate in passato anche in un altro modo, sempre strettamente legato alla cultura tradizionale. In Giappone servivano infatti per lavare e smacchiare i kimono o per rimuovere volontariamente parte della tintura, in modo da creare anche sulle sete più delicate splendidi ed elaborati disegni.

Un giorno da record

Il più lungo coprolite mai rinvenuto è stato battuto dalla casa d'aste americana I.M. Chait il 22 luglio 2014 e aggiudicato a un collezionista privato per 10.370 dollari. Scoperto nello stato di Washington, misura poco più di un metro e appartiene a un'imprecisata specie animale. Secondo il catalogo della casa d'aste, è probabilmente il più lungo escremento fossile

Il coprolite più lungo del mondo risale (almeno) a **33,9 milioni di anni fa**

Parola del giorno: coprolite

Deriva dalle parole greche *kópros*, (sterco), e *lithos*, pietra. In paleontologia è un escremento fossilizzato, che può raggiungere dimensioni considerevoli. Un coprolite di Tirannosauro scoperto in Canada, per esempio, pesa sette chilogrammi. In medicina assume invece questo nome (più comunemente *coprolito*) un calcolo intestinale costituito da feci indurite, fosfati e residui alimentari di vario genere.

La cacca fossile suscita interesse in tutto il mondo, e non solo negli scienziati

mai messo in vendita. Il reperto potrebbe risalire all'Oligocene o al Miocene, dunque a un periodo compreso tra i 5,3 e i 33,9 milioni di anni fa, anche se nel mondo scientifico non c'è unanimità sul fatto che di cacca realmente si tratti; l'autorevole "National Geographics" ha persino riportato l'opinione di esperti paleontologi alcuni dei quali ritengono che si tratti di semplice... fango fossile. A prescindere dalla sua effettiva natura, colpisce la descrizione dell'oggetto contenuta nel catalogo della casa d'aste, in cui esso viene definito un «esemplare altamente evocativo di dimensioni senza precedenti».
Il commovente reperto consiste di quattro sezioni sostenute ognuna da un pesante blocco di marmo nero. Naturalmente da esporre in una teca di vetro. Certo! E perché non in soggiorno? Immaginate lo stupore degli ospiti, a cenare accanto a un simile oggetto che vagamente ricorda una bitorzoluta spada da samurai. Puntando sulla sorpresa, si potrebbe essere tentati di giocarselo per un primo appuntamento galante: vuoi venire a vedere il mio coprolite gigante? No, questo no, davvero non funzionerebbe.

Scampato a un triste destino

Leggendo questo libro, lo avete probabilmente salvato dal triste destino riservato a molti dei suoi simili. Secondo i dati Istat, in Italia sono stati stampati nel 2014 circa 170 milioni di libri, in media poco meno di tre a testa per ogni cittadino. Considerata la scarsa propensione degli italiani alla lettura e pur in presenza di una sempre maggiore attenzione degli editori alle tirature, accade purtroppo che una frazione dei libri stampati finisca al macero. L'anticamera del cimitero per i libri sono grandi depositi che contengono milioni di libri in attesa del loro destino, come quello descritto da Marco Cicala in un suo articolo intitolato *Il cimitero dei libri esiste*. I più fortunati avranno una nuova opportunità di vita tra i reminder, mentre gli altri finiranno al macero. Contro questi sprechi sono sorte varie iniziative, come ad esempio la campagna Macero NO lanciata da quattro editori indipendenti. Per salvare tanti innocenti volumi dalla distruzione e ridurre lo spreco di preziose risorse una soluzione sicura ci sarebbe: leggere di più!

Per i giornali non c'è scampo, ma i libri... per salvarli basta leggerli!

Monte Testaccio

Pur se assai meno popolare dei famosi sette colli suoi "concittadini" e con un'altezza di 54 metri, il Monte Testaccio a Roma si fregia dello stesso altisonante titolo che contraddistingue il Bianco.
Se le sue dimensioni non impressionano, è pur vero che la sua notorietà è dovuta alla sua interessante e inusuale storia, che la tradizione ha impresso nel nome con cui è popolarmente conosciuto: Monte dei Cocci. Questa collina, situata in prossimità del porto fluviale dell'antica Roma sulle rive del Tevere, è artificiale. Le sue pendici ricoprono infatti un enorme cumulo di cocci, detti *testae* in latino (da cui il nome del quartiere).
I cocci, insieme ad alti detriti, provenivano dal vicino porto.
In gran parte si tratta di anfore che dopo essere state usate per il trasporto delle merci venivano ammassate in quella zona, che fungeva quindi da discarica.
Le anfore che venivano buttate erano tipicamente quelle che avevano contenuto olio e che non potevano essere riutilizzate a causa dell'irrancidimento dei residui.
Accumulati e coperti di calce, che garantiva igiene e allo stesso tempo serviva a irrobustire la struttura, nel corso degli anni (all'incirca dai tempi di Augusto fino a circa il terzo secolo d.C.) i cocci arrivarono a formare l'attuale collina.
Per chi fosse interessato, la Sovrintendenza Capitolina ai Beni Culturali organizza delle visite guidate e ha un sito ricco di informazioni storiche e archeologiche.

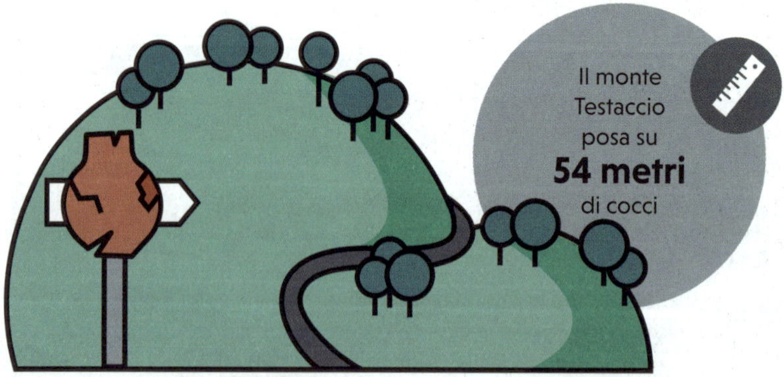

Schuttberg, ovvero le colline di macerie

Le Olimpiadi del **'72**, a Monaco di Baviera, sono state disputate su un **cumulo di macerie**

Il paesaggio di alcune città tedesche è caratterizzato da dolci colline che non sono opera della natura, ma dell'uomo.
Sono le cosiddette *Schuttberg*, termine tedesco per "collina di macerie".
Molte furono realizzate dopo la Seconda guerra mondiale, utilizzando le macerie dei violentissimi bombardamenti cui furono sottoposte le città tedesche. Ben note sono quelle di Monaco di Baviera, tra le quali la famosa Olympiaberg all'interno dell'Olympiapark, realizzato in occasione delle Olimpiadi del 1972, che contiene anche i detriti derivanti dallo scavo delle gallerie per la metropolitana cittadina, inaugurata nel 1971.
Un monumento vi ricorda i caduti civili a causa dei bombardamenti. Dalla cima della collina, alta una sessantina di metri, si gode una bellissima vista di Monaco.

Sacca, che non è il femminile di sacco

I primi insediamenti nella laguna veneta, dai quali sarebbe poi sorta la città di Venezia, risalgono al quinto e sesto secolo. Tra questi luoghi ricchi di storia c'è però un'isola quasi nuova di zecca, un paio di chilometri a sud di Piazza San Marco, nel mezzo della laguna. È l'isola di Sacca Sessola, ricca di verde e tra le più estese della laguna, con una superficie di circa 16 ettari. Sacca Sessola è un'isola artificiale, realizzata nel 1870 con il materiale di risulta proveniente dallo scavo dei canali navigabili per il porto marittimo veneziano, che proprio in quegli anni veniva rimodernato e ampliato. Per molti anni ha ospitato un ospedale pneumologico ed è ora sede di un albergo. Curiosa l'origine del nome: a Venezia il termine "sacca" si riferisce infatti a zone della laguna, tipicamente dei bacini, che sono state spesso usate come deposito di materiali di scarto provenienti dall'edilizia o dallo scavo dei canali, fino ad essere completamente interrate e a divenire nella maggior parte dei casi delle vere e proprie isole artificiali. *Sessola* è invece il termine dialettale che indica la particolare paletta usata dai veneziani per togliere l'acqua che si accumula sul fondo delle barche: l'isola che ne porta il nome ha proprio la forma di questo tipico strumento. La laguna di Venezia ospita altre sacche.

Non interrata è la Sacca della Misericordia, un ampio bacino rettangolare che si apre nella parte nord del centro storico, proprio di fronte a Murano. In questa sacca nel passato venivano raccolti i tronchi che servivano anche per la costruzione delle navi, trasportati fino in laguna dai boschi del Cadore lungo i fiumi. Interratesi e divenute isole artificiali, come Sacca Sessola, sono anche Sacca Fisola e Sacca San Biagio. Se tutte queste isole devono in qualche modo la loro esistenza ai rifiuti, quella che non può dissimulare la sua origine e la porta indelebilmente inscritta nel suo nome dialettale è Sacca San Biagio, detta appunto *isola de le Scoasse* ("immondizie" in veneziano). Si trova all'estremità ovest dell'isola della Giudecca e fu realizzata infatti tra il 1930 e il 1950 come conseguenza all'accumulo delle immondizie in una discarica. Tra il 1973 e il 1985 ha ospitato anche un inceneritore.

7

Si mangiano

Se l'uomo è ciò che mangia, come diceva il filosofo Ludwig Feuerbach, sarà anche ciò che spreca? In questo caso, cosa racconta di noi lo scandalo del cibo che buttiamo ogni giorno mentre nel mondo centinaia di milioni di persone non ne hanno abbastanza? Che cosa ci raccontano i rifiuti di plastica che ingannano e uccidono gli animali che se li mangiano? Per fortuna c'è anche qualche storia edificante, che parla di un'attenzione sempre crescente per una gestione consapevole delle risorse alimentari e di tradizioni antiche che sfruttano gli scarti per produrre delle vere e proprie delizie per il palato.

Rifiutare lo spreco alimentare

È come se ogni giorno, a colazione pranzo e cena, preparassimo una porzione in più ogni due di cui abbiamo davvero bisogno: se siamo in due, prepariamo per tre; se siamo in quattro, prepariamo per sei. Le porzioni in più, però, non le mettiamo in tavola. Le buttiamo direttamente nel secchio, senza neppure toccarle. Fa un certo effetto messa così, eppure non c'è nulla di inventato: secondo uno studio della FAO, questo è quello che ogni giorno accade nel mondo, dato che un terzo del cibo prodotto per il consumo umano - ovvero un miliardo e 300 milioni di tonnellate l'anno - viene perso o sprecato lungo la filiera, tra il produttore e il consumatore. Una quantità scandalosa, considerando che circa un miliardo di persone non ha sufficienti risorse alimentari e che il solo cibo buttato in Europa, per esempio, potrebbe sfamare 200 milioni di persone. Sprecare ha inoltre un costo enorme, in termini sia ambientali sia economici. Nella sola Italia ogni anno finiscono nella spazzatura più di dieci milioni di tonnellate di cibo, per un valore di qualche decina di miliardi di euro. Nel nostro paese la sensibilità verso questo problema per fortuna sta crescendo sia a livello individuale sia a livello istituzionale. In particolare ha attirato grande attenzione, anche all'estero, la legge n. 166, approvata dal Parlamento nel 2016, che contiene «disposizioni concernenti la donazione e la distribuzione di prodotti alimentari e farmaceutici a fini di solidarietà sociale e per la limitazione degli sprechi». La nuova legge ha un obiettivo centrale: promuovere la riduzione degli sprechi di ogni tipo, rendendo il più facile possibile regalare, trasformare e ridistribuire le eccedenze alimentari (ma non solo, la disposizione interessa infatti anche farmaci e abbigliamento) lungo tutta la filiera. La legge mira a promuovere i comportamenti virtuosi, con sconti sulla tassa dei rifiuti per le attività commerciali e produttive in proporzione alla quantità di cibo donato. Viene anche incentivata la pratica di portarsi a casa dai ristoranti, quando non siamo riusciti a finire tutto, gli avanzi del pasto in appositi contenitori, i cosiddetti *doggy bag*, molto diffusi all'estero. Un'altra iniziativa per combattere gli sprechi alimentari è sorta nell'ambito di Expo Milano 2015: si tratta del Refettorio Ambrosiano che, con l'evocativo slogan "Dalle eccedenze alle eccellenze. Lotta allo spreco e cultura della solidarietà", è nato da una collaborazione tra lo chef Massimo Bottura, il regista Davide Rampello, la Caritas Ambrosiana, il Politecnico di Milano e numerosi artisti. Un vecchio teatro nel quartiere Greco di Milano è stato ristrutturato e trasformato in un refettorio che offre cibo a chi si trova in difficoltà. Inaugurato in occasione dell'Expo 2015, ha visto coinvolti nel primo periodo alcuni tra i migliori cuochi del mondo, che hanno ideato e preparato dei piatti a partire da ingredienti eccedenti e di scarto. E, terminata l'Expo, la mensa continua a funzionare.

Una quantità scandalosa di cibo finisce ogni anno nella spazzatura, anche se commestibile.
Un errore che coinvolge tutti, dal produttore al consumatore

Chef Jacques La Merde

La ricetta che l'ha portato al successo è a base di ingredienti dozzinali e avanzi di fast-food, al limite del cibo-spazzatura. L'ingrediente segreto della sua fama è stato invece un lungo e rigoroso anonimato. L'identità dello chef è stata svelata solo poco tempo fa, ma chi è davvero Jaques La Merde e perché è diventato tanto famoso? I suoi piatti, all'apparenza appetitosi e molto curati, nello stile di quelli dei migliori chef mondiali, sono realizzati con ingredienti improbabili, dagli scarti fino ai marshmallow mezzi squagliati. Un'idea nata per gioco, che ha trasformato chef La Merde, alias Christine Flynn, in una vera celebrità di Istagram (@chefjacqueslamerde), e che è servita a rilanciare le campagne per un'alimentazione più sana e a fare riflettere sul concetto di scarto alimentare.

Estetica perfetta, per un contenuto al limite del rifiuto

@chefjacqueslamerde

Mangiare scarti per fare la differenza? Si può

Frugare nei cassonetti e nutrirsi di scarti per cambiare il mondo. È l'insolita parabola dei *freegans*, movimento di rinnovamento sociale nato in Inghilterra e guidato dal ricercatore Tristram Stuart, che in pochi anni si è diffuso in tutto il mondo. L'idea è semplice quanto rivoluzionaria: poiché sprechiamo troppo e nel secchio spesso finisce cibo ancora perfettamente commestibile, sottratto al consumo di chi ne ha più bisogno, è necessario ripartire da lì per sanare le disuguaglianze. Buttare, secondo i *freegans*, è l'ultimo anello di una catena planetaria di ingiustizie sociali basata su una produzione, un commercio e un consumo di generi alimentari ormai viziati dall'imposizione di criteri senza senso. Come quello che misura la lunghezza e il diametro di banane, carote e zucchine, scartando quelle

Suddivisione dello **spreco di cibo** nell'Unione Europea e quantità di chili per persona in un anno*

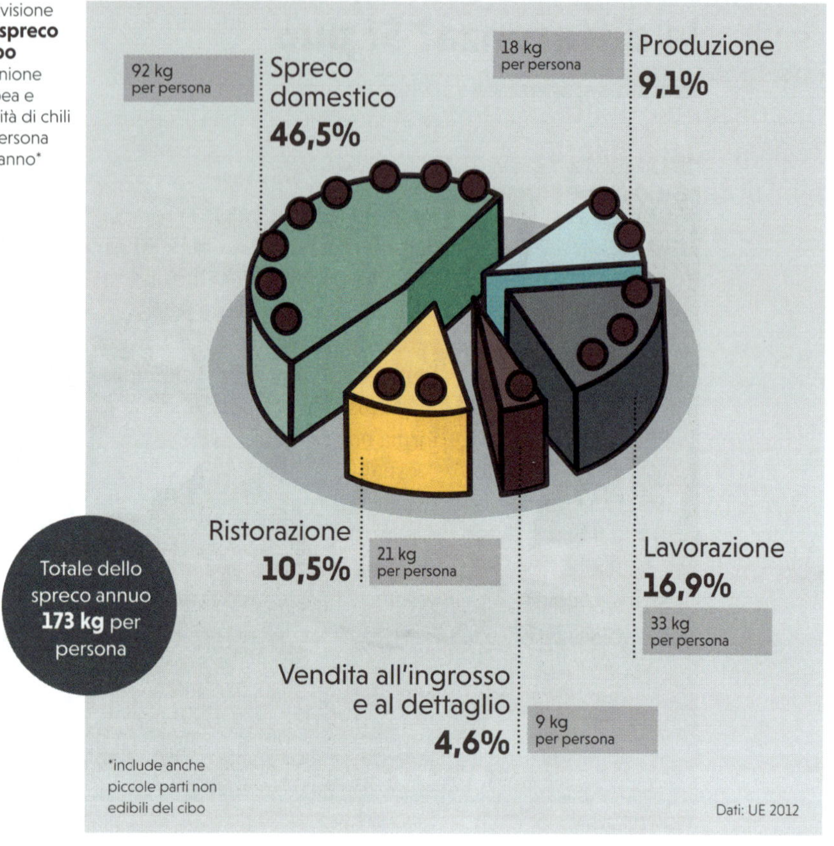

troppo corte, sottili o quelle non abbastanza dritte, che vengono lasciate nei campi a marcire. Sprecare segna in modo brutale la differenza tra chi ha e chi non ha, produce inquinamento e, di fatto, è un comportamento capace da solo di sostenere un modello economico basato sullo sfruttamento indiscriminato di risorse naturali e persone. Ma da che parte iniziare per cambiare le cose? I *freegans* (parola composta da *free*, "libero", e *vegan*, "vegano"), per non rendersi complici del sistema, hanno adottato uno stile di vita che si potrebbe definire, come minimo, anticonformista. I *freegans* non comprano ma raccolgono (in genere dai cassonetti, ma anche in campagna o tra gli scarti dei mercati), separano, recuperano e riciclano. Vivono in comunità per risparmiare, si sostengono a

I *freegans* non comprano il cibo che mangiano: raccolgono quello scartato dalla filiera alimentare come atto di protesta

vicenda e non possiedono mezzi di trasporto. Promuovono un concetto di lavoro diverso da quello basato sullo spreco sistematico e sullo sfruttamento e il *time banking* ("banca del tempo") come strumento per offrire e ricevere servizi a prescindere dalla loro monetizzazione. Con l'intento di perorare la propria causa in tutte le sedi, comprese quelle politiche e accademiche, il pluripremiato Tristram Stuart ha raccolto ed elaborato un'enorme quantità di dati, il più impressionante dei quali riguarda l'esorbitante quantità di terreni agricoli (8,3 milioni di ettari) necessari per produrre la carne e i latticini che ogni anno vengono... buttati nel secchio (*sic*) dalle famiglie inglesi e americane. L'acqua usata globalmente per coltivare cibo che non verrà mangiato, secondo Stuart, sarebbe sufficiente a soddisfare il consumo idrico di nove miliardi di persone, esattamente il numero di persone che, secondo le stime, popoleranno il pianeta nel 2050 e che rischiano di ritrovarsi alle prese con gravissime crisi idriche. Per ripensare l'intera catena produttiva, dal campo alla tavola, secondo i *freegans* non c'è bisogno di rivoluzioni: basta un po' di semplice buon senso. I dati raccolti e diffusi da Stuart dicono che in Inghilterra tra il 20 e il 40 per cento della verdura e della frutta è scartato alla fonte, senza neppure entrare nella filiera distributiva, perché la sua forma non risponde agli standard "cosmetici" dei supermercati, che fissano rigidamente dimensioni e aspetto della merce che arriva sugli scaffali. Quel cibo è perfettamente commestibile, eppure i contadini non lo raccolgono neppure e lo lasciano nei campi a marcire, perché sanno che non potrà essere venduto. Per questo i *freegans* hanno pensato di reintrodurre nel Regno Unito la pratica del *gleaning*, che consiste nel raccogliere i vegetali abbandonati nei campi dopo il raccolto, per distribuirli ai poveri. Il *gleaning* chiaramente non è una soluzione per gli sprechi agricoli, non più di quanto raccogliere cibo nei cassonetti sia la soluzione per gli sprechi urbani. Le azioni dei *freegans* sono, quindi, più che altro dimostrative, volte alla sensibilizzazione della popolazione, degli agricoltori, della grande distribuzione e in ultima analisi dei governi.

Dolcezza in tazza

Il caffè si ottiene dai semi di alcuni alberi tropicali appartenenti al genere *Coffea*, che furono catalogati per la prima volta dal medico e scienziato svedese Carlo Linneo (1707-1778). Tutti conosciamo la bevanda che se ne ottiene: scura, amara, profumata, con proprietà energizzanti. Il Black Ivory Coffee, però, ha... qualcosa di più. Lungo le rive del Mekong, in Tailandia, i semi delle piante di caffè, sotto forma di bacche, prima di essere macinati e ridotti in polvere vengono dati in pasto agli elefanti e poi recuperati uno o due giorni dopo dalle loro feci. Un "trattamento" che rende il caffè che se ne ricava - pare - molto più dolce e saporito. Se non avete occasione di passare dalla Tailandia, ma non volete negarvi l'assaggio (al costo di 50, 60 dollari la tazza), sappiate che il Black Ivory Coffee si può comprare anche online: un chilo per 1800 dollari. Il prezzo è presto spiegato: per produrne un chilo occorrono 33 chili di bacche di caffè. Nel 2015 la produzione complessiva è stata di appena 150 chili.

Che buona la plastica!

Il **100%** delle tartarughe marine mangia plastica una volta nella vita

Passi per i pezzettini: le microplastiche e le nanoplastiche possono diventare talmente piccole da risultare del tutto invisibili: si capisce quindi come mai un pesce o un animale marino possano ingoiarle per errore, quando galleggiano nell'acqua. Che dire però di bottiglie, bicchieri, vasetti, pezzi di giocattoli, buste e di un numero incredibile di altri oggetti di grandi dimensioni ritrovati nei corpi senza vita di albatros, tartarughe, otarie e balene? Secondo il rapporto *Marine Litter Vital Graphics* di UNEP e Grid-Arendal, il 59 per cento delle balene, il 40 per cento degli uccelli marini, il 36 per cento delle foche e il 100 per cento delle tartarughe marine nel corso della

Non è solo la massiccia presenza di plastica nel mare a renderla cibo per gli animali marini, ma anche il suo sapore

propria vita mangia plastica di vario tipo. Ma cosa porta questi animali a ingoiare volontariamente materiali del tutto indigeribili? Dopo alcuni anni di ricerche, finalmente la scienza è riuscita a rispondere alla domanda. Il responsabile si chiama solfuro dimetile ed è un additivo di alcune plastiche. È lui a spingere gli animali a questa dieta mortale perché, oltre ad essere sintetizzato artificialmente, il solfuro dimetile viene anche prodotto in natura da alghe e plancton, quindi per gli animali… profuma di cibo. Per noi il solfuro dimetile odora piuttosto di cavolo e, non a caso, viene liberato quando cuociamo rape, asparagi, cavoli, mais e alcuni molluschi. Per gli animali, però, sa di buono e la sua presenza nella plastica li confonde al punto che, annusandola, la trovano appetitosa e quindi la mangiano. I materiali plastici non interagiscono chimicamente con l'organismo in cui vengono introdotti (finora almeno non ci sono evidenze in questo senso), ma i loro effetti a lungo termine sono di tipo meccanico: quando la presenza di plastica nello stomaco supera un determinato livello, gli animali non riescono più ad assimilare il cibo vero e così muoiono di fame. Secondo una ricerca della Commonwealth Scientific and Industrial Research Organisation (CSIRO) e dell'Imperial College di Londra, nel 2050 il 99 per cento delle specie di uccelli mangerà plastica. Nel 1960, scrivono i ricercatori, la plastica era presente nello stomaco di meno del 5 per cento degli uccelli marini. Se l'attuale trend sarà confermato, le conseguenze saranno letali per un numero elevatissimo di animali, a causa di una dieta a base di sacchetti, tappi di bottiglia, reti da pesca e fibre sintetiche. Secondo i ricercatori, gli uccelli sono eccellenti indicatori della salute degli ecosistemi marini e, considerando che all'interno dello stomaco di alcuni di loro sono stati trovati anche più di duecento pezzi di plastica di dimensioni e colori diversi, è purtroppo facile tirare le conclusioni. La tendenza, sebbene forte, in futuro potrà essere invertita migliorando la gestione dei rifiuti e impedendo alla plastica di raggiungere i mari: in Europa - scrivono sempre i ricercatori nello studio - nuove politiche ambientali hanno portato in un decennio a una diminuzione della plastica all'interno degli stomaci degli uccelli marini. Troppo poco per impedire la moria di albatros, ma abbastanza per coltivare qualche speranza di invertire la rotta.

Nuove politiche ambientali potrebbero ridurre la moria degli animali che si cibano di plastica

Siamo tutti un po' coprofagi?

La coprofagia è un comportamento animale che consiste nel cibarsi di feci (proprie o altrui). Gli animali coprofagi generalmente adottano questa dieta per nutrirsi di vegetali predigeriti, che altrimenti non riuscirebbero ad assimilare, o di altre sostanze che scarseggiano o mancano del tutto nella loro dieta; nell'uomo invece questo tipo di comportamento è solitamente legato a disordini mentali come la schizofrenia. La parola deriva dal greco *kópros*, "feci", e *phagein*, "mangiare", dunque questa abitudine è ben conosciuta sin dall'antichità ed è, infatti, propria di molte specie, tra cui la più famosa è probabilmente lo scarabeo stercorario che, per trasportare gli escrementi di cui si nutre, li modella in forma sferica e poi li spinge spesso per lunghi tragitti. Anche mosche, topi, farfalle

A inizio 2000, a Goa ben il **22,7%** della popolazione utilizzava i "porcili latrina"

e molti altri animali tra cui maiali, cincillà, gorilla e cani si possono nutrire di escrementi, abitualmente o di tanto in tanto. Nel caso dei cani, questa inclinazione particolarmente detestata dai padroni si deve alla necessità di assumere specifici nutrienti o a quella di riequilibrare il proprio microbiota intestinale, tramite l'assunzione di escrementi di altri animali in salute. Il principio è lo stesso che a livello umano si adotta nel trapianto di feci, e si basa sulla possibilità di ricondizionare il microbiota ospite tramite l'introduzione dei microrganismi che vivono in un intestino sano (contenuti nelle feci) che, dopo essersi insediati, si riproducono riportando progressivamente in equilibrio l'intestino originariamente malato.
La predilezione di alcuni animali per le feci è stata sfruttata negli anni in vario modo. In Giapppone, Cina e India, per esempio, erano in uso fino a pochi decenni fa i "porcili con latrina", in cui i gabinetti umani erano realizzati direttamente sopra ai recinti dei suini. In questo modo, quanto vi veniva depositato era lasciato cadere nel porcile, in modo che i maiali potessero cibarsene, eliminando i rifiuti. In Vietnam erano in uso anche acquari strutturati in modo simile. E non si tratta certo di remote abitudini: un'indagine del Water Sanitation Program ha infatti accertato che a Goa e in Kerala il 22,7 per cento della popolazione si serviva ancora di gabinetti di questo tipo nel 2005. Se l'idea vi fa un certo effetto, considerate che negli Stati Uniti è consentito nutrire gli animali di allevamento con escrementi di pollo, pratica che si pensa abbia dato origine al morbo della mucca pazza per la parallela abitudine di nutrire i polli con ossa tritate e varie interiora di bovini (le nuove norme escludono dai mangimi il cervello e il midollo degli animali). In questo modo, anche gli umani che mangiano questi animali si nutrono indirettamente di...
La coprofagia deve comunque avere anche un suo fascino occulto se, oltre a solleticare curiosità un po' morbose, se ne ritrovano esempi in letteratura, al cinema e in tv. Per esempio ne *Le 120 giornate di Sodoma* del Marchese de Sade (1785) e nel cinquecentesco *Gargantua e Pantagruel* di François Rabelais, ma anche nel *Salò o le 120 giornate di Sodoma* di Pierpaolo Pasolini.

Se non mangi, mangime!

Per limitare gli sprechi di cibo, la pratica del *doggy bag* (letteralmente "borsa" o "pacchetto per il cane"), che prevede di farsi incartare gli avanzi del pasto, è ormai diffusa nei ristoranti di ogni categoria. Si portano a casa i resti di cibo, ufficialmente per nutrire Fido ma anche per metterli in tavola il giorno dopo. L'importante è non sprecare. Sono numerosi i progetti per redistribuire il cibo alle fasce più deboli della popolazione, ma quando finisce proprio nei cassonetti oppure non è più adatto per il consumo umano... cos'altro farci? Con quello che si butta ogni anno in Europa, oltre ai cani e a svariati milioni di persone si potrebbero nutrire anche gatti, mucche, polli e maiali, ovviamente a patto di disporre delle tecnologie adeguate. Il progetto Noshan, che ha preso

il via nel 2012 ed è stato finanziato con circa tre milioni di euro dall'Unione Europea nell'ambito del suo settimo Programma Quadro, studia proprio le possibilità di usare vari tipi di rifiuti alimentari (in particolare frutta, verdura e latticini) per produrre mangimi animali, ingredienti funzionali e sostanze bioattive a basso costo. Lo studio, condotto in collaborazione con l'università di Parma, ha come obiettivo la realizzazione di prodotti per il consumo animale con un prezzo finale basso e si propone di mettere a punto tecnologie che necessitino di poca energia e poca acqua per la produzione, valorizzando al massimo le calorie contenute nei rifiuti alimentari che servono da materia prima.
Noshan agisce così su un doppio fronte: da un lato la disponibilità sempre più limitata di risorse per l'agricoltura e l'allevamento a fronte di una popolazione mondiale in continua crescita, dall'altro il contenimento dello spreco alimentare che, oltre a quello sociale, ha anche un impatto ambientale ed economico.
Come primo risultato, il progetto ha portato alla realizzazione di una banca dati di potenziali ingredienti dei mangimi e all'individuazione delle migliori tecnologie per la loro produzione, dal punto di vista tecnico, economico e della sicurezza. In cima alla lista degli ingredienti più funzionali e nutrienti, gli scarti della barbabietola, della colza e l'olio di oliva. Il problema principale che si presenta nella lavorazione, oltre alla conservazione degli alimenti, è che gli scarti vanno prima

Eccedenze in circolo

Si moltiplicano le iniziative di sensibilizzazione sullo spreco alimentare. Tra quelle di maggiori dimensioni, in Italia, c'è Last Minute Market, una società spin-off dell'università di Bologna che fra molte iniziative cura anche Waste Watcher, un osservatorio sugli sprechi. Il test scientifico-statistico Diari di Famiglia, eseguito dal Ministero dell'Ambiente con il Dipartimento di Scienze e Tecnologie Agroalimentari dell'Università di Bologna e con SWG nell'ambito del progetto Reduce 2017 di Spreco Zero, punta sulla quantificazione dello spreco domestico grazie a un'annotazione giornaliera del cibo gettato in famiglia. Anche le grandi catene di supermercati sono impegnate in iniziative di recupero delle eccedenze, in Italia e all'estero. La Fondazione Banco Alimentare recupera eccedenze da molteplici donatori della filiera agroalimentare (sono coinvolte 700 aziende). Nel 2016 ha recuperato oltre 1.100.000 porzioni di cibo pronto.

trattati, solitamente con procedure spesso dispendiose. Nei latticini, per esempio, bisogna separare il contenuto solido da quello liquido, senza usare sostanze chimiche che sarebbero dannose per gli animali e poi per gli esseri umani.
La frutta e la verdura vanno invece essiccate e stabilizzate e il processo diventa davvero economico solo se gli scarti si utilizzano a cascata non per ottenere un prodotto solo ma tanti. Presto potrebbero dunque fare la loro comparsa scarti *ad alto valore aggiunto*, costituiti da composti utilizzabili dall'industria cosmetica o farmaceutica, scarti *a minore valore aggiunto*, utilizzabili nell'industria alimentare e *residui*, da trasformare in mangime o fertilizzanti. Sarà solo questione della giusta tecnologia: lo stesso scarto, trattato diversamente, potrà salire o scendere nella gerarchia.
L'Istituto di scienze delle produzioni alimentari del CNR, che collabora con il Dipartimento di scienze agrarie, forestali e alimentari dell'università di Torino, ha dimostrato, per esempio, che i sottoprodotti del pomodoro, a differenti concentrazioni, si possono usare sia per preparazioni cosmetiche (alto valore aggiunto) sia per l'alimentazione del coniglio (basso valore aggiunto).
Per tornare a Fido e agli altri animali da compagnia, anche nei prodotti a loro destinati sarà presto possibile miscelare gli scarti alimentari con il cibo tradizionale.
Il valore aggiunto qui sarà sicuramente alto, e sembra che cani e gatti apprezzino molto.

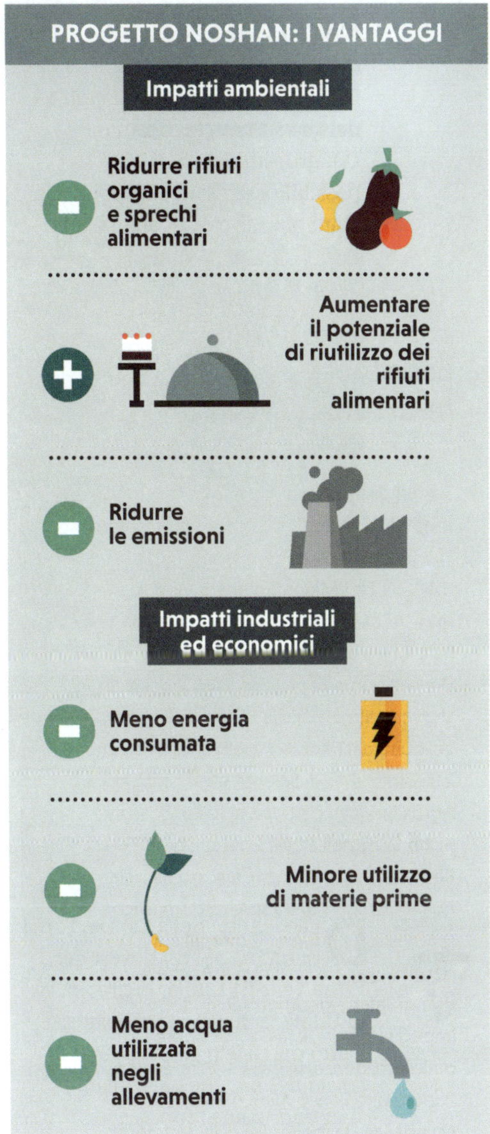

Formadi frant

Dalle latterie della Carnia, l'area montana nel nordovest del Friuli Venezia Giulia, in provincia di Udine, arriva una prelibatezza frutto del riciclo *ante litteram*: il *formadi frant*, che dal friulano si traduce come "formaggio frantumato". Un formaggio classificato come Prodotto Agricolo Tradizionale (PAT) del quale la Carnia va giustamente orgogliosa. Il *formadi frant* nasce in tempi antichi nel contesto di povertà e isolamento che caratterizzava quelle zone, nel quale la sapienza contadina prevedeva di "non buttare via niente", in particolare di quanto potesse essere utile per la sussistenza. Il *formadi frant* è un esempio interessante di questa filosofia di riutilizzo e di come potenziali rifiuti possano invece trasformarsi in opportunità. L'economia contadina di quei luoghi

si basava molto sull'allevamento delle mucche e sulla produzione di latte e formaggio, in particolare nelle malghe. Non tutte le forme di formaggio potevano però essere stagionate e quindi conservate, vuoi perché erano riuscite male, vuoi perché si erano gonfiate o avevano la crosta spaccata. Allo stesso tempo, non potevano neppure essere consumate tutte in fretta. Invece di buttarle, i malgari allora le sminuzzavano in fettine, cubetti o scaglie che mescolavano tra loro. A questa miscela di diversi formaggi frantumati (*frant*) e quindi con diversi sapori e stagionature, si aggiungevano sale, pepe e latte. Il tutto veniva poi impastato unendo della panna per favorire l'amalgama. L'impasto era infine ricomposto in forme e lasciato stagionare per circa quaranta giorni in luoghi freschi. Il prodotto finale è una delizia per il palato: un formaggio del tutto particolare, a partire dall'aspetto, sempre diverso dato che viene da tipologie di formaggi differenti e che varia quindi da produttore a produttore. Il *frant* è un concentrato di sapori e profumi variegati, alcuni anche più forti e piccanti, con la delicatezza della panna che unisce il tutto. Insomma, ben venga il riciclo, anche per il palato!

Dalla buccia alla grappa

Mangiando l'uva, a volte si buttano via la buccia e i vinaccioli, i piccoli semi all'interno dell'acino. Questi scarti sono però anche gli ingredienti necessari per ottenere un distillato conosciuto in tutto il mondo: la grappa.
La grappa si produce infatti tramite un complesso processo di fermentazione e distillazione delle vinacce, che sono appunto la buccia dei chicchi e i vinaccioli. E sono proprio le vinacce a caratterizzare la grappa, che si differenzia da altri distillati come l'acquavite d'uva, che utilizza invece il mosto, o la vodka, che deriva da cereali e patate. E attenzione, la grappa è made in Italy: come dice il decreto del ministro delle politiche agricole, alimentari e forestali del 28 gennaio 2016: la denominazione "Grappa" è esclusivamente riservata all'acquavite di vinaccia ottenuta da materia prime ricavate da uve prodotte e vinificate in Italia, distillata ed elaborata in impianti ubicati sul territorio nazionale.

Serenissimi gabbiani

«Per la maggior parte dei gabbiani, volare non conta, conta mangiare. A quel gabbiano lì, invece, non importava tanto procurarsi il cibo, quanto volare. Più d'ogni altra cosa al mondo, a Jonathan Livingston piaceva librarsi nel cielo». Se per il gabbiano Jonathan Livingston, protagonista del celebre romanzo di Richard Bach, la cosa più importante era volare, i suoi simili che volteggiano sopra Venezia ricadono, invece, nella "maggior parte" e per mangiare fanno qualsiasi cosa, compreso frugare nei rifiuti. Lo sanno bene gli abitanti della città lagunare. Da decenni e fino a non molto tempo fa, la mattina i veneziani avevano la possibilità di lasciare i rifiuti fuori dalla porta di casa, dove poi il netturbino passava a prenderli con il carretto per buttarli nelle barche compattatrici. Il momento d'oro dei gabbiani era quello tra il deposito del sacchetto fuori dall'uscio e il passaggio del netturbino. Spesso questi famelici uccelli acquatici usavano il tempo a loro disposizione per strappare i sacchetti con il becco adunco e le zampe e selezionare sul posto il cibo più appetitoso, sparpagliando i rifiuti a terra e costringendo i passanti a disagevoli slalom tra le cosiddette *scoasse*. Il disagio è stato risolto quando la Veritas, azienda municipale che si occupa anche della raccolta dei rifiuti, ha deciso di cambiare le regole. I rifiuti oggi non si lasciano più fuori di casa, ma si consegnano al netturbino che suona a ogni porta, oppure devono essere conferiti direttamente alle barche compattatrici, che stazionano dalle 6:30 alle 8:30 del mattino in vari punti della città. Un cambiamento di abitudini non di poco conto in un sistema in vigore da decenni, che ha avuto però notevoli risultati in termini di pulizia e vivibilità.

I gabbiani: romantici volatili o netturbini pasticcioni?

8

Sono umani

Non a tutto si può rinunciare: per esempio alcuni rifiuti sono ineliminabili, sia per la specie umana sia per gli animali. Sono scarti che fanno ridere, ma di cui ci vergogniamo. Che contengono informazioni su di noi e sulla nostra salute, ma che non vorremmo vedere e che cerchiamo di eliminare il più presto possibile. Sì, stiamo parlando proprio di quello. E visto che siamo oltre sette miliardi, e aggiungiamoci pure gli animali, anche le nostre deiezioni sono tante e vanno gestite con cura. In futuro dovremo farlo sempre meglio, dato che nel mondo ci sono ancora due miliardi di persone che non hanno accesso a toilette adeguate.

Un mondo senza igiene

Oggi nel mondo sono sei miliardi le persone che hanno accesso alla telefonia cellulare, circa l'82 per cento della popolazione. Ma, secondo un rapporto congiunto dell'Organizzazione Mondiale della Sanità (OMS) e dell'UNICEF del 2015, degli oltre sette miliardi di persone che attualmente vivono sulla Terra, solo circa cinque hanno accesso a toilette pulite. Un miliardo in meno di quelli che hanno accesso alla telefonia cellulare. Quasi un miliardo di persone sono inoltre costrette a fare i loro bisogni all'aperto. La percentuale di popolazione mondiale che ha accesso a servizi igienici chiusi e con scarico degli escrementi è cresciuta dal 54 per cento del 1990 al 68 per cento del 2015, ma la situazione è ancora drammatica. Questa mancanza è all'origine di un gravissimo problema sanitario e di una moltitudine di malattie. L'OMS stima che il 58 per cento delle morti per diarrea - 842.000 persone ogni anno - avvenga in paesi a basso reddito, a causa di malattie connesse all'assenza di acqua pulita, gabinetti e igiene adeguata. Una malattia che sarebbe in gran parte prevenibile migliorando le condizioni igieniche, il che, per esempio, salverebbe ogni anno la vita a 361.000 bambini sotto i cinque anni. L'impossibilità di trattare in maniera consona il primo tra i nostri rifiuti, quello che ciascuno di noi produce vivendo - le deiezioni - alimenta purtroppo un ciclo vizioso di povertà, malattia e scarsa qualità della vita. Non è un caso che i paesi dove la pratica di fare i propri bisogni all'aperto è più diffusa siano proprio quelli con i maggiori livelli di malnutrizione, con il maggior numero di morti in età infantile e le maggiori diseguaglianze sociali. Anche la qualità dell'acqua è strettamente legata a questo tema e rimarrà scarsa fintanto che non sarà risolto il problema della disponibilità di toilette adeguate. Sempre secondo il rapporto prima citato, servizi sanitari e igienici migliori porterebbero a un sensibile calo nella diffusione di malattie tropicali dovute a vermi, parassiti e batteri, le cosiddette malattie tropicali neglette (NTD), delle quali soffre circa un miliardo e mezzo di persone. Ma anche ad attenuare i problemi dovuti alla malnutrizione, a favorire azioni di riciclaggio degli escrementi per ottenerne energia e fertilizzanti, a promuovere la sicurezza e la dignità e ad aumentare la frequenza scolastica. Come si legge nel documento OMS-UNICEF, per le ragazze l'andare a scuola è facilitato dalla disponibilità di servizi igienici separati e puliti. Malgrado i recenti progressi, tanto resta ancora da fare: occorrono investimenti, sia per realizzare nuovi servizi sanitari sia per promuovere campagne informative dedicate a stimolare il cambiamento di abitudini e per garantire la disponibilità di strumenti che anche i più poveri possano permettersi. Le Nazioni Unite, nei loro Sustainable Development Goals ("obiettivi di sviluppo sostenibile"), hanno inserito il proposito di eradicare il problema della defecazione all'aperto entro il 2030. Obiettivo ambizioso, perché richiede di raddoppiare nell'Asia del sud e nell'Africa subsahariana il tasso attuale di riduzione di questo comportamento, ma assolutamente doveroso se si vogliono salvare milioni di vite umane e rendere il nostro sviluppo sostenibile.

La mancanza di servizi igienici adeguati genera inquinamento e problemi sanitari

Accesso ai servizi igienici nel mondo

Dati: OMS – UNICEF, 2015

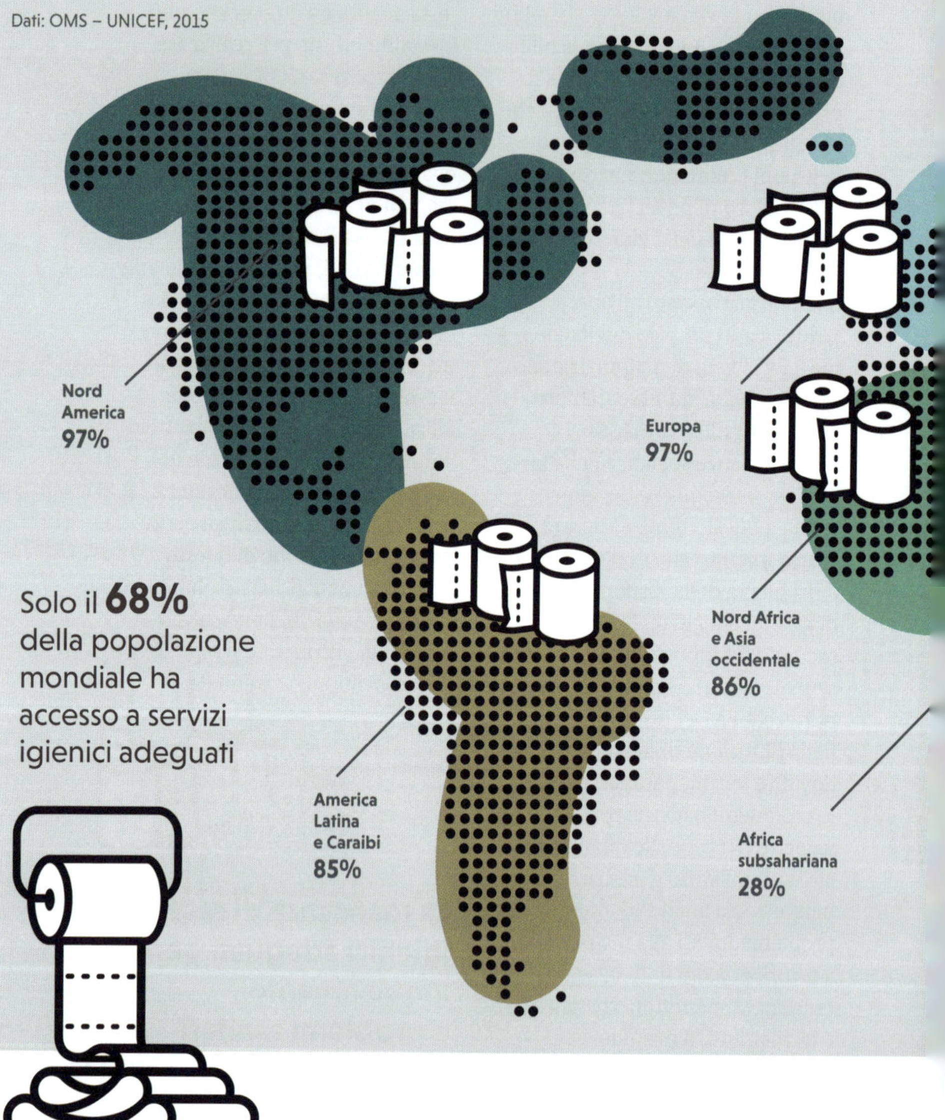

Solo il **68%** della popolazione mondiale ha accesso a servizi igienici adeguati

2300 milioni di persone non hanno accesso a servizi igienici di base

892 milioni di persone defecano all'aria aperta (in tombini, dietro alla vegetazione, in pozze d'acqua)

il **10%** della popolazione mondiale mangia alimenti irrigati con acque di scarico

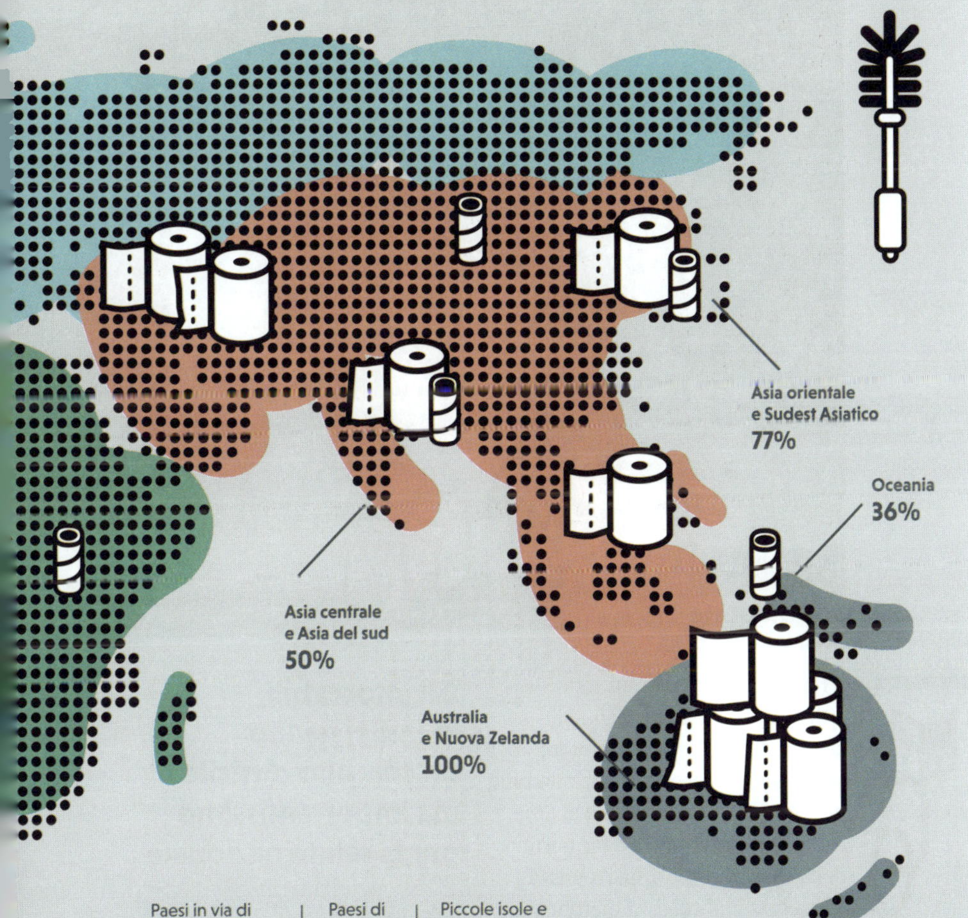

Paesi in via di sviluppo senza accesso al mare
40%

Paesi di recente sviluppo
32%

Piccole isole e paesi in via di sviluppo
68%

Gli intoccabili: uno sporco lavoro

In India tutti gli uomini sono diversi. Per nascita. Nella più grande democrazia del mondo, che è anche la seconda nazione più popolosa del pianeta dopo la Cina, ogni nuovo nato entra a far parte della società come appartenente a una casta, di cui sarà membro fino alla morte. Alla sua casta sono legati riti, tradizioni e professioni, in un sistema sociale inalterabile

Gli intoccabili, in India, hanno un compito difficile ma importantissimo per la salute nazionale

e chiuso, in cui le sole possibilità di ascesa e miglioramento della propria condizione sono da ricercare nella morte e nelle successive vite (gli induisti credono nella reincarnazione). Un sistema millenario e rigidamente gerarchico, ufficialmente abolito nel 1950 dalla costituzione ma che ancora oggi influenza la vita sociale, professionale e affettiva di milioni di persone. Le sue origini vengono fatte risalire a un antico mito, secondo il quale le quattro principali categorie sociali, o *varna*, a loro volta suddivise in centinaia di sottocaste, sarebbero originate da un essere primordiale il cui corpo venne smembrato in quattro parti. Dalla bocca proverrebbero i bramini, sacerdoti e insegnanti; dalle braccia i guerrieri, dalle cosce i *vaisya*, commercianti e artigiani e dai piedi la massa dei lavoratori comuni.

Fuori da queste caste, gradino più basso e impuro della scala sociale, si trovano invece i cosiddetti intoccabili. Uomini considerati inferiori, contaminati e senza alcun valore, al punto da poter essere insultati, derubati, aggrediti senza che ne derivi di fatto alcuna punizione. Persone che per nascita - e per la vita! - a causa del loro

!

All'inizio del ventunesimo secolo gli intoccabili erano **160 milioni**

karma vengono ritenute indegne, isolate, scacciate, bandite dai templi e dalle case delle caste superiori. Uomini, donne e bambini che devono usare stoviglie separate nei locali pubblici e che secondo le credenze popolari "contaminano" tutto ciò che toccano. Una massa di persone senza diritti che si calcola in India ammontasse a circa 160 milioni all'inizio del ventunesimo secolo (ma le caste sono presenti per esempio anche in Nepal). Agli intoccabili è preclusa ogni possibilità di accedere allo studio e a lavori dignitosi; possono solo aspirare a "lavori impuri", ovvero quelli che comportano il contatto con sangue, escrementi o altre deiezioni fisiche. Secondo la legge sarebbe più corretto scrivere che *era* così, ma la verità è che le barriere che ostacolano l'emancipazione sociale sono ancora fortissime. Gli intoccabili cremano le salme, tagliano i cordoni ombelicali, conciano il pellame. Ma anche all'interno della loro stessa scala sociale ci sono differenze. Gli ultimi degli ultimi si occupano dei rifiuti e degli animali morti, puliscono fogne, pozzi neri e latrine. Un'occupazione faticosa e pericolosa, ma di fondamentale importanza in un paese in cui milioni di persone sono ancora senza servizi igienici e un numero incalcolabile di abitazioni, soprattutto nelle zone rurali, per le proprie necessità si serve di pozzi che vanno periodicamente svuotati o di cabine di legno alzate su palafitte, sotto cui si accumulano, in malsane montagnole, le deiezioni.
Negli ultimi anni le associazioni che offrono difesa legale, educazione e assistenza medica agli intoccabili si sono moltiplicate, ma molta strada rimane da fare per l'effettiva parità dei cittadini indiani.
A tale proposito, non è certamente un caso che, come metafora dell'emancipazione del giovane protagonista del film *The Millionaire*, che si dimostrerà nel seguito capace di cose straordinarie, il regista del film vincitore di otto premi Oscar nel 2009 abbia scelto in una delle scene iniziali di mostrarlo alle prese con un terribile dilemma: rimanere rinchiuso in un gabinetto, rinunciando al sogno di conoscere la sua star preferita o affrontare la terribile prova di... passare da sotto, immergendosi interamente in quello che lì trova, ma conquistando in questo modo la libertà?

Gli intoccabili non possono studiare né fare il lavoro che desiderano: hanno accesso solamente a lavori "impuri"

World Toilet Day

Nel 2013 l'Assemblea Generale delle Nazioni Unite ha ufficialmente designato il 19 novembre come World Toilet Day, ovvero la giornata mondiale del gabinetto. Questo evento annuale vuole richiamare l'attenzione del mondo sul grave problema della carenza (o dell'assoluta mancanza) per oltre due miliardi di persone dei servizi igienici. Un tema spesso dimenticato, anche per ingiustificati pudori nel parlarne, ma che rappresenta una delle emergenze del pianeta. Ogni anno la giornata si concentra su un particolare aspetto del problema: il tema del 2016 è stato *Toilets and jobs* ("servizi igienici e lavoro"), a ricordare quanto la mancanza di gabinetti abbia un'influenza assai negativa sul lavoro, sia in termini di produttività sia di inclusione nel mondo del lavoro della popolazione femminile. Il tema del 2017 è stato invece *Wastewaters*, per spronare al corretto trattamento delle acque reflue.

Una giornata mondiale per parlare del diritto ai servizi igienici

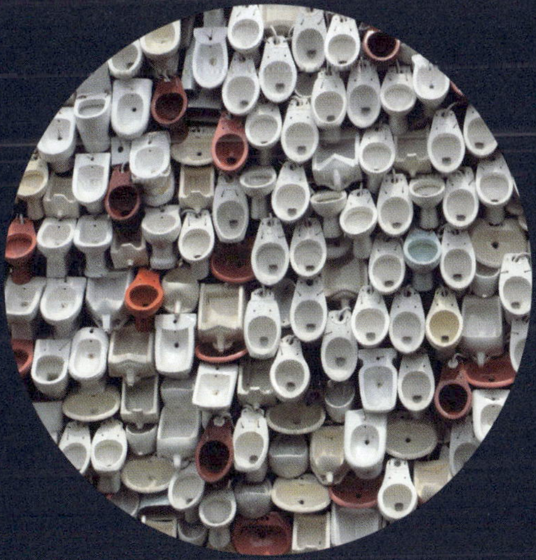

Carta igienica per il cellulare!

A chi viaggia molto sarà già capitato di imbattersi nelle divertenti toilette giapponesi: disinfettate chimicamente, ultratecnologiche, in genere dotate di inconsueti accessori come sottofondi musicali o tavolette riscaldabili, sono più vicine al ponte di comando di una nave spaziale che alle normali toilette occidentali. Chi non vi è avvezzo rischia davvero di confondersi. Come non bastasse, nei bagni dell'aeroporto internazionale di Tokyo Narita, a fianco dei tradizionali rotoli di carta igienica è comparso qualche tempo fa anche un nuovo "benefit": rotoli di carta speciale stampata a grandi caratteri con l'invito a usarla per disinfettare i vetri degli smartphone. «Ci sono cinque volte più germi su uno smartphone che sulla tavoletta di un gabinetto», assicura dalla sua pagina YouTube la compagnia telefonica NTT DOCOMO, sponsor dell'iniziativa. Dunque, dopo essere andati al bagno, meglio non solo lavarsi le mani ma anche disinfettare il proprio smartphone con questa carta-tessuto igienizzante, sulla quale sono anche stampate informazioni sulle reti Wi-Fi pubbliche gestite dalla ditta. L'iniziativa promozionale, condotta tra dicembre 2016 e marzo 2017, ha riscosso grande interesse presso il pubblico e i social network e non è escluso possa essere replicata. «Ottima iniziativa - ha commentato un utente sui social giapponesi -, ma cosa accade se, magari sotto l'effetto del jet lag, si scambia questa carta per la tradizionale carta igienica?». Non è nota la risposta della compagnia.

Troppi batteri sul cellulare? Arriva la sua carta igienica personale

Sette sfumature di...

Tipo 1
Grumi duri separati tra loro, come noci (difficili da espellere)

Tipo 2
A forma di salsiccia, ma formata da grumi uniti tra loro

Tipo 3
Come un salame, ma con crepe sulla superficie

Tipo 4
Come una salsiccia o un serpente, liscia e morbida

Tipo 5
Pezzi separati morbidi con bordi come tagliati/spezzati; chiara (facile da evacuare)

Tipo 6
Pezzi soffici/flocculari con bordi frastagliati, feci pastose

Tipo 7
Acquosa, nessun pezzo solido, completamente liquida

La composizione normale delle feci umane è pari a circa il **75%** di acqua e il **25%** di sostanze solide

La scala di Bristol

La *Bristol stool scale* è un sistema di catalogazione delle feci umane usato in medicina. Ideata da due ricercatori dell'università di Bristol in Gran Bretagna e pubblicata per la prima volta nel 1997, questa scala classifica le feci umane in sette categorie: sferette, salsiccia a sferette/grumi, a salsiccia con crepe nella superficie, a salsiccia liscia o a serpente, a grumi morbidi con bordi ben definiti, a pezzi lanuginosi e pastosi con bordi frastagliati, interamente liquida, senza pezzi solidi.

Insostenibile leggerezza

Bando all'ipocrisia. Capita a tutti di avere dell'aria nell'intestino. Anzi, è del tutto naturale. Nulla da stupirsi dunque che le flatulenze siano un fenomeno studiato dalla medicina, anche perché in taluni casi può capitare che il volume dell'aria prodotta durante il transito intestinale del cibo sia eccessivo e che ciò si associ, oltre che all'imbarazzo, a seri disturbi fisici. Un articolo che può apparire curioso, ma che è invece serissimo ed è stato pubblicato nel 1991 da "Gut", una prestigiosa rivista internazionale di gastroenterologia, analizza nel dettaglio e con una procedura sperimentale molto precisa l'espulsione di gas intestinali nell'uomo. Il gas intestinale di dieci volontari - maschi e femmine - è stato

In media un individuo emette tra i **476** e i **1491** millilitri di gas ogni **24 ore**

raccolto, tramite appositi cateteri, per un periodo di 24 ore e poi analizzato sia quantitativamente sia qualitativamente. Stando ai risultati della ricerca, non vi è differenza tra le quantità di gas espulse da maschi e femmine, che oscillano tra i 476 e i 1491 millilitri. Il periodo durante il quale l'emissione è maggiore è subito dopo i pasti, mentre durante il sonno i quantitativi sono minori rispetto ai periodi di veglia. Una dieta senza fibre praticata nelle 48 ore precedenti l'esperimento ha comportato una significativa riduzione delle emissioni e la modifica della loro composizione, portando i ricercatori a concludere che i gas dovuti alla fermentazione danno il maggiore contributo al prodotto espulso.

Bellezza di plastica

Quando ci laviamo, inquiniamo? A volte purtroppo sì, se usiamo prodotti che contengono micro o nanoplastiche. Secondo il rapporto dell'UNEP *Plastic in cosmetics* (2015), molti cosmetici e prodotti per il corpo contengono, infatti, microsfere plastiche: scrub, dentifrici, deodoranti, bagnoschiuma e creme solari, schiume da barba, mascara, lucidalabbra e creme antirughe, repellenti per gli insetti e prodotti per l'igiene dei bambini, solo per fare qualche esempio. La maggior parte degli ingredienti di questi prodotti sono liquidi, ma molti contengono anche plastica in forma solida (nanosfere, microgranuli e microsfere, polveri plastiche ecc.), che contribuisce fortemente a inquinare gli oceani. Nessuna legge obbliga i produttori a dichiararlo. Difficile quindi per i consumatori orientarsi leggendo gli ingredienti, perché l'etichetta non specifica in che forma le varie sostanze si trovino (liquida o solida). Quel che è certo è che un singolo prodotto come uno scrub può contenere oltre 360.000 microsfere plastiche e che queste, una volta usato il cosmetico, finiscono la loro vita in mare. Secondo il rapporto

UNEP, nel 2012 le nazioni europee hanno scaricato in mare 4360 tonnellate di microsfere plastiche, la maggior parte delle quali (il 93 per cento, ovvero 4037 tonnellate) composte di polietilene. Non è facile rendersene conto quando ci laviamo: in alcuni casi si tratta di particelle abbastanza grandi da essere visibili a occhio nudo, ma in molti altri casi le dimensioni possono essere nanometriche e dunque la plastica del tutto invisibile e impalpabile.
La concentrazione varia da prodotto a prodotto e se alcuni ne contengono meno dell'1 per cento, in altri casi la plastica supera il 90 per cento del totale. Un gel esfoliante, per esempio, può facilmente contenere nella sua formulazione cosmetica più plastica di quanta ne occorra per la confezione in cui è racchiuso. Con la differenza che in genere il contenitore si può riciclare, mentre per le microplastiche questo è impossibile. Troppo piccole per essere intercettate da qualunque sistema di raccolta, rimarranno in sospensione nell'acqua per centinaia di anni, a meno di non essere inghiottite da qualche animale marino, per il cui tramite entreranno, come già accade, nella catena alimentare. Gli studi sono solo nelle fasi iniziali, ma c'è già evidenza degli effetti tossici di questo "particolato plastico" in diversi sistemi biologici, dagli invertebrati marini fino ai mammiferi e agli esseri umani.
Nel corpo umano la microplastica, con diametro inferiore a cinque millimetri, e la nanoplastica ingerite possono attraversare il sistema gastrointestinale, entrando nel sistema linfatico e circolatorio e persino passare nella placenta, fino al feto. Se ipotizziamo, come è stato fatto in uno studio del 2007, che la popolazione europea usi in media due grammi di dentifricio al giorno e che il 5 per cento di quel dentifricio contenga nanosfere di plastica, dobbiamo concludere che ogni giorno gli europei rovesciano nei loro corsi d'acqua e poi in mare circa 74.000 chili di particolato plastico. E un calcolo analogo si può fare anche per shampoo, bagnoschiuma e per moltissimi altri prodotti, che fortunatamente da alcuni anni iniziano a tenere conto dell'inquinamento che provocano e in alcuni casi hanno iniziato spontaneamente a siglare protocolli *plastic free* indicando anche sulle confezioni il loro impegno in favore dell'ambiente.

Microsfere nel dentifricio e nella crema esfoliante non sono altro che... plastica. Le nanoplastiche si trovano in tantissimi prodotti per l'igiene personale

Occhio al contraccettivo

L'uomo cerca di controllare la natalità sin da epoche lontanissime. Sappiamo per certo che ci provarono gli antichi romani, i greci, gli egizi, i persiani e i cinesi, ma probabilmente ogni civiltà sviluppò i propri metodi. Prima di giungere a qualcosa di simile ai moderni metodi contraccettivi, i nostri antenati sperimentarono una grande quantità di rimedi erboristici, oltre a innumerevoli approcci magici. I rimedi erboristici non si rivelavano naturalmente tutti efficaci, ma a volte erano basati sull'inconsapevole scoperta di principi attivi vegetali ancora oggi in uso per il controllo delle nascite. Per esempio dovevano probabilmente funzionare i

Dal mercurio alle feci di diversi animali: la contraccezione nella storia ha percorso strade inaspettate

tamponi di lino bagnati in una mistura di miele e acacia - la cui ricetta si trova in un papiro del 1550 a.C. - che le donne egiziane si applicavano sul fondo della vagina prima dei rapporti. Oggi sappiamo infatti che la gomma di acacia, fermentando con il calore, produce acido lattico, un intenso spermicida ancora in uso. Le ricette anticoncezionali del passato prevedevano l'uso di vari tipi di piante: dalla palma da dattero alla menta, dalla mirra al salice al melograno. Tra le più usate nell'antica Roma, secondo quanto racconta lo scrittore e naturalista Plinio il Vecchio, figura il silfio, una sorta di antenato del finocchio, oggi estinto, che pare venisse usato come una sorta di pillola abortiva e di cui sono conosciute le proprietà estrogeniche, contraccettive e abortive. A seconda della latitudine, ad alcune donne è andata bene, ad altre invece peggio. In Cina per esempio, circa quattromila anni fa, per evitare gravidanze indesiderate si usava bere del mercurio. Il metodo era efficace: il mercurio è un elemento altamente tossico e dunque impediva la gravidanza, ma probabilmente molte delle donne che hanno fatto ricorso a questo metodo hanno pagato con la vita quella scelta. Meno dannosi e piuttosto efficaci si rivelarono invece nel passato i metodi basati sull'uso di feci animali. Nell'antico Egitto, come rivela il papiro di *Kahun*, il più antico testo di medicina occidentale conosciuto e datato circa 1850 a.C., le donne per prevenire gravidanze indesiderate usavano impacchi di miele ed escrementi di coccodrillo. Il loro uso probabilmente era efficace per il controllo delle nascite: non solo le feci di coccodrillo facevano da filtro impedendo meccanicamente il passaggio del liquido seminale, ma la loro acidità esercitava certamente una blanda azione spermicida.
Se l'idea di ricorrere allo sterco di coccodrillo oggi provoca repulsione, bisogna sapere che c'è a chi è andata persino peggio: in India e nel mondo islamico, fino al tredicesimo secolo, era diffuso l'uso contraccettivo di impacchi a base di sterco di elefante, più acido e dunque più efficace di quello dei coccodrilli ma dall'odore forte e penetrante. L'uso di sterco secco, così come quello di stracci, cenere, giornali e sabbia è purtroppo ancora oggi diffuso in India, non come contraccettivo ma per il confezionamento di assorbenti igienici femminili. Lo ha rivelato una ricerca condotta da Nielsen per UNICEF nel 2016.

9

Divertono

e sono artistici

Quello dei rifiuti è un problema serio, ma ha anche degli aspetti artistici o che fanno sorridere. Attenzione però: a volte le opere d'arte realizzate con i rifiuti possono risultare difficili da apprezzare... e finire a loro volta nel cassonetto! In ogni caso, dalla letteratura al cinema, dalla scultura alle app per i cellulari, i rifiuti ormai non sono più solo protagonisti del paesaggio, ma anche della nostra vita culturale.

M***a a peso d'oro

Se l'arte contemporanea per voi rimane un mistero e spesso vi chiedete su che basi ad alcune opere vengano attribuiti prezzi astronomici, sappiate che anche gli artisti si sono interrogati a lungo su questo tema. Tra i più autorevoli, l'italiano Piero Manzoni, che in polemica - pare - sia con il padre, che aveva definito il suo lavoro una "m***a", sia con l'intero settore dell'arte contemporanea, nel 1961 produsse, sigillò ed etichettò 90 barattoli di latta apponendovi la scritta «Merda d'artista. Contenuto netto gr. 30. Conservata al naturale. Prodotta ed inscatolata nel maggio 1961». Ogni barattolo, numerato progressivamente da 1 a 90 e firmato dall'artista, fu messo in vendita per volere di Manzoni all'equivalente del costo di 30 grammi d'oro. In anni più recenti, alcune latte sono state battute all'asta a prezzi decisamente superiori: la più nota da Sotheby's per 124.000 euro. Malgrado tutto, nessuno sa però esattamente cosa contengano. L'artista Bernard Bazile, nella sua opera *Boîte ouverte de Piero Manzoni*, mise in mostra nel 1989 una scatola aperta: conteneva una seconda scatola identica alla prima, che però l'artista non aprì. Secondo i critici, Manzoni con quest'opera intese sferrare una feroce critica al settore dell'arte contemporanea, nella quale il valore commerciale delle opere non viene più attribuito in base alle emozioni che essa produce o ai valori che incarna, ma facendo invece riferimento alla fama dell'artista.

Arte contemporanea che critica... l'arte contemporanea

Roomba odissea

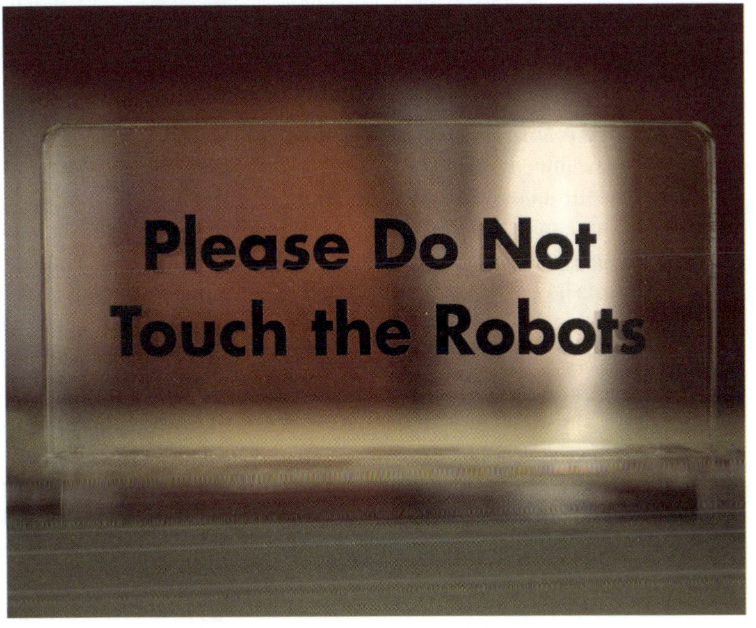

Chi non ha mai sognato di svegliarsi dopo un buon sonno ristoratore e di trovare la casa per incanto tutta pulita senza che qualcuno abbia fatto fatica? La strada verso il robot domestico tuttofare, maggiordomo, cuoco ed esperto di pulizie è ancora lunga, ma la tecnologia sta facendo passi da gigante. È nata persino una scienza interdisciplinare, la domotica, che mette insieme ingegneria, telecomunicazioni, fisica, informatica, architettura e molto altro per aiutare a migliorare la qualità della vita nelle nostre case. Come tutti i sogni però anche questo potrebbe trasformarsi in incubo, come è accaduto a Jesse Newton, padre di famiglia di Little Rock, in Arkansas (USA) e fortunato padrone del cagnolino Evie. Prima di descrivere quello che lo stesso Jesse ha definito - in un post di Facebook che ha letteralmente fatto il giro del mondo ed è stato ripreso da una moltitudine di testate e agenzie di stampa - *Pooptastrophe*

e *poohpocalypse* (composizioni di *poop* = cacca con *catastrophe* = catastrofe e *apocalypse* = apocalisse) occorre fare un passo indietro e introdurre l'indiscusso protagonista: il Roomba! Roomba è il nome di una fortunata serie di robot aspirapolvere che girano autonomamente per la casa e la puliscono senza bisogno dell'intervento umano. Un elettrodomestico che sta avendo una rapida diffusione: oltre 10 milioni di pezzi venduti dalla sola iRobot, la ditta costruttrice di Roomba, e molte altre marche disponibili sul mercato. I robot aspirapolvere sono un concentrato di tecnologia. Tipicamente sono oggetti di forma cilindrica, con un diametro di circa 35 centimetri e un'altezza di 10, dotati di ruote, ben cinque motori elettrici, spazzole e aspirapolvere. Grazie a un insieme di sensori meccanici piezoelettrici e all'infrarosso, e con l'ausilio di un mini computer montato a bordo, il robot aspirapolvere è in grado di mettersi in moto a un'ora prestabilita dall'utente e di pulire autonomamente tutta la stanza in cui si trova, con ripetuti passaggi sul pavimento. I modelli più moderni dispongono addirittura di un sistema intelligente che cattura immagini all'infrarosso della stanza e le usa in un software per creare una mappa visuale del luogo in cui si trova e ottimizzare quindi le sue traiettorie. Appositi rivelatori fanno capire al Roomba quando si trova in una zona particolarmente sporca e lui, diligentemente, ci passa e ripassa sopra finché non la pulisce. E quando si sente scarico... va da solo a ricaricarsi sulla sua base. Un genio. Che però ha ancora qualche problema a riconoscere nel dettaglio gli ostacoli che incontra. E quindi, quando alle una e mezza di un mattino di agosto si è messo in moto e ha incontrato sul suo cammino la cacca del cane Evie, ha combinato un bel guaio. Jesse ne ha avuto sentore, o meglio fetore, quando alle tre del mattino

A volte l'automazione si scontra con l'imprevedibilità della natura, creando vere e proprie avventure

il suo bimbo di quattro anni si è svegliato e dalla sua camera ha raggiunto quella dei genitori, per mettersi a dormire nel loro letto. Come scrive nel suo post, si è subito chiesto come mai il piccolo puzzasse di cacca e, insospettitosi, si è alzato a sua volta ed è andato in soggiorno. Dove ha avuto l'amara sorpresa: il Roomba, muovendosi incessantemente per il pavimento senza aver riconosciuto la presenza della cacca, anzi probabilmente cercando di pulirla man mano che la portava in giro, aveva spalmato e sparato escrementi lungo tutto il suo percorso e su qualsiasi cosa incontrasse: pavimento, mobili, giochi dei bimbi. Ovunque. Purtroppo per Jesse, il problema era ben noto e il suo non era neppure il primo caso. Un portavoce della iRobot ha infatti affermato che casi di questo genere si erano già verificati e che proprio per questo l'azienda raccomanda di non programmare il roomba se in casa si hanno cani o gatti che possono "farla" in posti non ortodossi. Gli amanti degli animali e della domotica hanno comunque ancora una speranza. Gli ingegneri della iRobot stanno lavorando per risolvere il problema, e non è escluso che in futuro i nuovi modelli possano essere equipaggiati con specifici sistemi computerizzati, per riconoscere in tempo reale proprio gli escrementi dei nostri amici animali. Uomini avvisati...

Domotica: scienza moderna (neanche tanto)

Accendere la luce con il cellulare, regolare il riscaldamento stando fuori casa, condizionare in modo automatico solo e stanze dove occorre e impostare il timer per fare la lavatrice quando l'elettricità costa meno... Applicazioni della domotica, la disciplina che comprende la progettazione e la realizzazione di tecnologie hardware e software destinate ad automatizzare una serie di operazioni di uso domestico o professionale. Oggi fa tanto "moderno", ma in realtà la domotica ha una storia più che quarantennale. Il suo scopo è migliorare la qualità della vita all'interno degli edifici, aumentare la sicurezza e la comodità d'uso degli impianti e ridurre i loro costi di esercizio. L'antenata dei moderni sistemi domotici, secondo alcuni, si può rintracciare nella lavatrice elettrica, che iniziò a diffondersi agli inizi del Novecento. È però nel 1975 che l'azienda scozzese Pico Electronics sviluppò il primo protocollo di comunicazione tra apparecchi elettronici destinato all'automazione domestica, l'X10, basato sull'idea di trasmettere dati digitali, come comandi o segnali di stato, attraverso la linea elettrica di alimentazione di una casa. Oggi lo standard X10 è stato superato grazie agli enormi progressi della tecnologia e alla capillare diffusione delle comunicazioni wireless, ma negli anni ha comunque riscosso un notevole successo di mercato, conquistando milioni di utilizzatori domestici.

Quest'arte fa male alla salute

Don't Follow the Wind è un'esposizione artistica molto speciale: non si può visitare. Ai 12 artisti chiamati dal collettivo Chim↑Pom a comporla sono state infatti commissionate opere d'arte da produrre e installare a Fukushima, la città giapponese evacuata a causa della fuga radioattiva seguita al disastro nucleare del 2011 e tutt'ora inagibile. Alcune delle opere, con il consenso dei proprietari, sono state costruite nelle case ormai disabitate che, a causa degli elevatissimi livelli di radiazione, non saranno visitabili per lungo tempo. Questa curiosa iniziativa è comunque solo l'ultima esternazione di un movimento artistico sorto vari anni fa. L'energia nucleare e la bomba atomica, gli incidenti alle centrali,

le scorie e le difficoltà legate al loro smaltimento hanno notevolmente influenzato l'arte contemporanea e l'intera cultura occidentale della seconda metà del Novecento. Nel 1951, firmando il *Manifesto tecnico della Pittura nucleare*, Enrico Baj e Sergio Dangelo diedero origine a Milano alla corrente artistica detta arte nucleare, ispirata all'ondata emotiva suscitata nell'opinione pubblica dallo scoppio delle bombe di Hiroshima e Nagasaki e alle immagini delle esplosioni.
Si trattava a quei tempi per lo più di suggestioni visive e concettuali, ma in anni più recenti c'è chi si è spinto molto più in là, cimentandosi nella cosiddetta arte radioattiva. Come l'artista svedese Hilda Hellström che, nel 2012, ha creato piatti e vasellame modellando il suolo radioattivo della zona di evacuazione di Fukushima. O Taryn Simon, la cui opera Black Square XVII (una mattonella di rifiuti nucleari vetrificati "artisticamente") si trova attualmente all'interno di un impianto nucleare russo e non potrà essere esposta almeno fino al 3015. Anche lo scultore americano James Acord si è dedicato ai materiali radioattivi. Ottenuta nel 1993 una licenza per ricevere e trattare materiale radioattivo, ha realizzato vari oggetti simbolici dell'era nucleare. Lo studio Unknown Fields Division ha invece realizzato una collezione di vasi Ming (anche loro radioattivi), raccogliendo il fango tossico del lago Baotou, in Cina, dove vengono scaricati i rifiuti chimici di alcune raffinerie e imprese dell'alta tecnologia. Se il tema vi incuriosisce, potete collegarvi al Nuclear Culture Research Project, che riunisce artisti e studiosi di tutto il mondo interessati alle "arti nucleari". Il Progetto fa capo al Goldsmiths College dell'università di Londra e tra i suoi prodotti più recenti c'è il *Nuclear Culture Source Book* (2016), un catalogo di artisti, opere e iniziative da cui sono tratte alcune delle informazioni qui riportate.

Il primo colonizzatore di Marte

Nel giorno marziano di Sol 18, durante una violenta tempesta di sabbia, l'astronauta Mark Watney viene creduto morto e abbandonato sul pianeta rosso dal resto dell'equipaggio, che invece fugge per salvarsi. Al suo risveglio, il protagonista del film *Sopravvissuto - The Martian* ha un'amara sorpresa: è rimasto solo su Marte, con scorte di viveri insufficienti a sopravvivere a lungo. Il giovane astronauta, botanico di formazione, dopo l'iniziale scoramento capisce che l'unico modo per farcela è riuscire a coltivare del cibo. Le attrezzature tecniche rimaste sul pianeta possono forse aiutarlo, ma certo da sole non bastano. Come fertilizzare il suolo marziano? Qui entra in gioco l'eredità lasciata dai suoi compagni di avventura: le loro feci, liofilizzate e imbustate, sono un ottimo concime e Mark riesce infine a far crescere delle agognate patate. Entusiasta del risultato, lo commenta con queste parole: «Chi coltiva qualcosa su un pianeta diventa il suo primo colonizzatore. Alla faccia tua, Neil Armostrong!». Si potrebbe aggiungere: anche su Marte dai diamanti non nasce nulla, dal letame invece... nascono le patate.

E tu cosa ci vedi?

Si chiama pareidolia ed è la tendenza a ricondurre a forme conosciute (in genere volti umani o animali) oggetti naturali o artificiali dalla forma casuale. Ci siamo esercitati tutti almeno una volta a coltivarla, guardando le nuvole e giocando a riconoscervi immagini familiari. La parola viene dal greco antico *èidōlon*, significa "immagine" ed è preceduta dal prefisso *parà*,

!

Vendesi cacche di uccello a forma di Micheal Jackson per **500 dollari**

che significa "vicino", ma anche se ad essa si devono gli attuali nomi delle costellazioni, in cui gli antichi riconobbero numerose immagini, il concetto che esprime è perfettamente al passo con i tempi. Sempre alla pareidolia dobbiamo per esempio la capacità di riconoscere volti ed emozioni in segni grafici estremamente stilizzati, come nel caso degli emoticon. In vari casi la pareidolia è stata alla base di leggende, superstizioni e persino di piccoli business, come nel caso che - secondo quanto racconta il "Chicago Sun Time" - ha interessato il ventinovenne americano Brandon Tudor. Alla guida della sua Cadillac, un giorno Brandon si è visto "recapitare" sul parabrezza l'inaspettato "dono" di un uccello. Anziché imprecare, azionare il tergicristallo o fermarsi per ripulire il vetro, il giovane è rimasto folgorato: la cacca presentava infatti - a suo dire - una impressionante somiglianza... con il volto di Michael Jackson! Per incredibile che sembri, Brandon ha atteso che si seccasse, poi l'ha fotografata, coperta con della carta plastificata e messa in vendita su eBay per 500 dollari. Peccato che non abbia anche pensato di mettere l'auto in garage: la pioggia, si sa, non è affetta da pareidolia e ha lavato via l'opera. Così non sapremo mai se qualcuno l'avrebbe comprata.

Povera arte

Ciò che è scarto per alcuni, per altri è materiale artistico preziosissimo che dà vita a opere che hanno lasciato il segno

Come in uno specchio, le merci diventano rifiuti e i rifiuti possono tornare a essere merci. Siamo in possesso di un immenso giacimento di risorse ancora poco sfruttate, che presto potrebbero diventare addirittura indispensabili per sostenere un'economia in continua crescita e salvaguardare l'ambiente, e che da oltre mezzo secolo forniscono materie prime

Una montagna di rifiuti, se illuminata in modo particolare, può fare riflettere su temi globali e sociali

agli artisti. Gli scarti della civiltà dei consumi hanno fatto la loro comparsa nel mondo dell'arte più o meno negli anni cinquanta. Stabilmente, nell'opera di artisti come Arman (al secolo Armand Pierre Fernandez) o César (César Baldaccini), saltuariamente in quella di moltissimi altri, da Pablo Picasso ad Andy Warhol, da Alberto Burri a Michelangelo Pistoletto. A volte gli artisti usano semplicemente vecchi oggetti o veri e propri rifiuti come nuovi materiali da costruzione, ma più spesso se ne servono come metafore della condizione dell'uomo contemporaneo, emarginato e a sua volta "scartato" dalla società, oppure sopraffatto dagli scarti che produce. Emblematica, in questo senso, è l'opera degli inglesi Tim Noble e Sue Webster, divenuti famosi per i loro cumuli di rifiuti (il primo lavoro di questo ciclo, *Miss Understood and Mr. Meanor*, del 1997, nasceva dall'assemblaggio dell'immondizia prodotta dagli artisti stessi). I cumuli, sebbene accatastati in modo apparentemente casuale, una volta illuminati restituiscono ombre pregne di significato. Il lavoro di questi due artisti, insigniti della laurea honoris causa alla Nottingham Trent University per il contributo dato all'arte inglese, mette in mostra i rifiuti e dunque gli eccessi della società consumistica e, attraverso di essi, racconta storie inaspettate. Sotto la luce, infatti, la caotica spazzatura assume forme riconoscibili e la scultura-rifiuto si smaterializza, trasformandosi in un'ombra: in questo modo assume un'importanza particolare la percezione umana, per distinguere l'utile dall'inutile, il rifiuto dall'arte, il caos dal disegno preciso. Noble e Webster con le loro opere spingono a guardare ai rifiuti con occhi diversi: siamo proprio sicuri che quelle bottiglie vuote, i sacchetti, le lattine e i cartoni, quei fili ammassati e le lamiere... siano solo ciò che sembrano?

L'arte è nuda

Capita a volte che le metafore di cui gli artisti investono i rifiuti che utilizzano per le proprie opere non siano abbastanza esplicite, che i gusti del pubblico non siano ancora maturi e in definitiva che i rifiuti non riescano a trasformarsi in "oggetti artistici" per chi li guarda. Con la conseguenza di essere scambiati ancora per quello che erano: veri e propri scarti, da rimettere nel secchio della spazzatura da cui gli artisti li avevano incautamente tirati fuori. Alcuni ci scherzano su, altri gridano al sacrilegio.
Forse sarebbe il caso di chiedersi, semplicemente, se per alcuni l'arte non sia "nuda", proprio come il famoso imperatore della fiaba di Hans Christian Andersen che credeva di essere vestito con una

preziosissima tela magica, ma in realtà andava in giro senza vestiti. L'ultimo equivoco in ordine di tempo risale al 2015, quando al Museion di Bolzano gli addetti alle pulizie hanno "ripulito" l'opera *Dove andiamo a ballare questa sera?*, del duo artistico Goldschmied & Chiari, composta da bottiglie, piatti di carta, stelle filanti e altri oggetti disseminati per il pavimento, scambiandola per i resti di una festa (che si era effettivamente tenuta la sera prima, ma in un'altra parte del museo). In realtà i casi in cui opere d'arte contemporanea realizzate con rifiuti sono state a loro volta scambiate per spazzatura sono numerosi: nel 2014 a Bari sono finite nel secchio alcune opere della rassegna di arte contemporanea *Display Mediating Landscape*, che comprendevano cartoni vuoti e vari materiali di consumo e, lo stesso anno, al Museo d'arte di Ravenna un operaio ha stuccato una parte dell'opera dello street artist Eron, che riproduceva un finto buco nel muro. Nel 2001 era già successo a un'istallazione di Damien Hirst e nel 1999 una casalinga inglese aveva tentato di rassettare l'opera *Dirty bed* ("letto sporco") dell'artista Tracey Emin. La rivincita dell'artista tedesco Ha Schult è stata probabilmente la monumentale installazione *Trash Men*: un'opera d'arte gigantesca costituita da schiere di migliaia di uomini-spazzatura alti un metro e ottanta e realizzati con plastica, vetro, oggetti elettronici e metallo riciclati che per anni è stata spostata in vari luoghi simbolo del pianeta, dalla Grande Muraglia alle piramidi e a piazza del Popolo, a Roma. Parliamo di rivincita perché l'autore, che lavora con i rifiuti dagli anni sessanta, nel 1969 era stato arrestato dalla polizia con l'accusa di aver disseminato cartacce in una via di Monaco, dove aveva invece allestito una delle sue prime opere d'arte realizzate interamente con i rifiuti. Per Shult la questione a distanza di anni può dirsi risolta e i suoi lavori con i rifiuti sono ormai apprezzati a livello internazionale, ma non a tutti è andata allo stesso modo. Questo genere di errori possono comunque costare cari: nel 1978 gli operai che dipingevano i padiglioni della Biennale di Venezia diedero una passatina di bianco a una porta in legno un po' male in arnese: si trattava della porta firmata dall'artista francese Marcel Duchamp e proprietà di un collezionista italiano che si rivolse al tribunale di Venezia per chiedere i danni e che ottenne un rimborso di 400 milioni di lire dalla Biennale.

Il re è nudo! E a volte lo è anche l'arte, quando non riesce a entrare in contatto con i suoi osservatori

Vacanze ai tropici

Quanti granelli di sabbia occorrono per riempire l'universo? Alla fine del terzo secolo a.C., il grande matematico e inventore greco Archimede provò a contarli e raccolse le sue considerazioni nel trattato astronomico *L'Arenario*. Malgrado alcune geniali intuizioni, come quella di utilizzare per i suoi calcoli un modello eliocentrico (in cui cioè i pianeti ruotavano attorno al Sole e non - come si credeva allora - intorno alla Terra, ben 1800 anni prima che le ricerche di Copernico e Galileo confermassero questa teoria), è chiaro che Archimede non disponeva delle odierne conoscenze astronomiche e quindi il suo "universo da riempire" era diverso da quello che conosciamo adesso. Porsi il problema gli servì tuttavia

Sognate spiagge tropicali dalla sabbia bianchissima? Sappiate che sono fatte di... rifiuti del pesce pappagallo

per introdurre un nuovo sistema di numerazione che consentisse di calcolare numeri grandissimi, cosa impossibile da fare con il sistema allora in uso. I granelli di sabbia necessari per riempire l'universo che conosceva, in base ai calcoli di Archimede, erano una quantità indicata da un 1 seguito da 63 zeri: un miliardo di miliardi di miliardi di miliardi di miliardi di miliardi di miliardi di miliardi di miliardi.
Ma di che sabbia si trattava? Non tutta la sabbia infatti ha la stessa origine. Quel che Archimede ancora non sapeva è che una parte di questi granelli, proprio quelli considerati tra i più pregiati e ambiti dai vacanzieri, ovvero gli impalpabili e bianchissimi granelli delle spiagge tropicali, sono sostanzialmente... rifiuti. Per essere ancora più precisi, sono veri e propri escrementi: quelli del pesce pappagallo. Questo colorato pesciolino, che si ciba di alghe e polipetti che vivono sulle barriere coralline, per mangiare le sue prede stacca e mastica anche alcuni pezzetti di corallo che poi non digerisce e riemette sotto forma di granelli completamente sbiancati.
In questo modo il pesce pulisce il corallo raschiandone a fondo quella parte morta che si ricopre di alghe e altri organismi vegetali e contribuisce a mantenere sana la barriera corallina, che altrimenti verrebbe infestata dalle alghe.
Il rapporto tra il pesce pappagallo e il corallo è di assoluta simbiosi: il pesce è fondamentale per la sopravvivenza della barriera e il corallo in cambio fornisce non solo nutrimento, ma anche "limatura" e pulizia per i suoi denti aguzzi. Per fortuna degli amanti dei paradisi tropicali, questo pesce lungo in media cinquanta centimetri è molto famelico: trascorre tutta la giornata a masticare e, secondo alcune stime, può produrre fino a cento chili di sabbia all'anno.
Gli aspiranti Archimede possono adesso cimentarsi: quanti pesci pappagallo ci vorrebbero per riempire l'universo di granelli di sabbia bianchissima?

È sabbia se...

La sabbia è un particolare tipo di roccia sedimentaria. Le rocce sedimentarie sono molto diffuse ed eterogenee. Esse possono essere di origine clastica, chimica e organica, sulla base dell'origine dei sedimenti di cui sono fatte. Le rocce di origine clastica si formano come risultato di un processo di accumulo di detriti, più precisamente detti clasti (in greco significa "spezzato", "sminuzzato") che provengono dalla disgregazione di altre rocce e sono poi trasportati fino a luoghi che possono essere anche molto distanti da quelli di origine, grazie all'acqua, al vento, ai ghiacci o, semplicemente, per gravità.
La precipitazione chimica di sostanze sciolte nell'acqua - ovvero quel fenomeno per il quale un soluto si separa in forma solida dal solvente - è alla base della produzione di rocce sedimentarie di origine chimica. Parti di organismi viventi, come scheletri, gusci ecc., formano invece le rocce di origine organica.
Con la granulometria (la tecnica che misura i grani di un aggregato), le rocce sedimentarie vengono catalogate anche grazie alle dimensioni dei clasti che le compongono.
La scala di Udden-Wentworth, proposta da Udden alla fine dell'Ottocento e adattata nel 1922 da Wentworth è ancora oggi utilizzata, insieme alla scala di Krumbein.
La sabbia, per essere definita tale, ha i suoi granuli con dimensioni comprese tra 0,0625 e 2 millimetri.

Si attacca al corpo e ai vestiti, te la porti dappertutto: la sabbia ha compiuto nella storia un lunghissimo viaggio

Bufala geolocalizzata

L'app per raccogliere la cacca dei cani è finalmente tra noi, e sui media americani è già virale. Sul sito pooperapp.com gli sviluppatori hanno pensato a tutto: canone mensile variabile (tra i 15 e i 35 dollari, a seconda del numero di "raccolte giornaliere"), look grafico accattivante, manifesto della sostenibilità ambientale dell'app che lascia finalmente puliti i marciapiedi delle città e persino - per chi non ha un cane ma vuole guadagnare qualcosa - la possibilità di candidarsi come "raccoglitore". Passeggiare in libertà con il proprio amico a quattro zampe diventa finalmente realtà, senza sacchettini e spiacevoli operazioni di ripulitura: quando il vostro cane si "libera", basta fotografare la m***a e geolocalizzarla tramite l'app, chiedendo un ritiro. A quel punto parte la segnalazione per i raccoglitori attivi nella zona, che vi informano del "ritiro" appena è stato effettuato. Pooperapp ha già raccolto l'interesse di migliaia di utenti e investitori privati, ma attualmente - dice sempre il sito - è in fase di test a San Francisco e New York. Peccato che sia un falso clamoroso, niente più che lo scherzo di uno sviluppatore di software e di un designer che hanno voluto prendersi gioco del mondo. I due, intervistati da "Newsweek", hanno dichiarato di voler denunciare il mondo delle "app per fare qualsiasi cosa", che risolvono problemi inesistenti sollevando dubbi sulla direzione che ha preso la moderna società tecnologica. «Davvero saremmo disposti a pagare qualcuno per raccogliere la cacca del cane al posto nostro?», si chiedono e ci chiedono i due inventori di pooperapp.com attraverso le pagine di "Newsweek". Per quel che li riguarda, la risposta è stata un eclatante e stupefacente "sì". Tanto che viene da chiedersi se non sia davvero il caso di pensarci come idea di business, lasciando ad altri le riflessioni sull'uso che stiamo facendo delle nuove tecnologie.

Trovarsi con le onde

Le onde sono inseparabili compagne dei viaggiatori, e non solo quelle del mare. Le onde elettromagnetiche e quelle sonore sono infatti strumenti fondamentali per la navigazione. Oggi in mare come sulla strada si tiene la rotta grazie al GPS. Il Global Positioning System (sistema di posizionamento globale o GPS) è un sistema di geolocalizzazione che permette di localizzare con elevata precisione la posizione di un oggetto sulla superficie terrestre. Utilizza onde elettromagnetiche e il suo funzionamento si basa su un sistema di circa 30 satelliti che orbitano sopra le nostre teste a una quota di circa 20.000 chilometri. In qualsiasi punto del pianeta ci si trovi ci saranno sempre almeno quattro satelliti visibili nel nostro orizzonte. Ciascuno di essi trasmette a intervalli regolari dei segnali radio relativi alla propria posizione e al tempo assoluto.

Questi segnali viaggiano alla velocità della luce e sono captati dai ricevitori GPS, che sono in grado di calcolare la loro distanza da ciascun satellite grazie alla misura del tempo necessario al segnale emesso per arrivare al ricevitore stesso.

Una volta note le distanze dai vari satelliti, e grazie a un procedimento di triangolazione, il ricevitore determina la sua posizione, con un'accuratezza che per i comuni dispositivi può facilmente essere dell'ordine di non più di qualche metro. Per riuscirci occorre però misurare il tempo con grande precisione: non solo quindi i satelliti sono dotati di orologi atomici, ma l'intero sistema GPS nei suoi calcoli deve tener conto degli effetti sullo scorrere del tempo descritti dalle teorie della relatività generale e speciale di Einstein.

Se non lo facesse, l'errore che commetterebbe sarebbe di 18 chilometri al giorno!

Il GPS non può mancare di puntualità, altrimenti i suoi calcoli chilometrici sarebbero fallimentari

Fantozzi va in vacanza

Cosa succede quando il ragionier Ugo Fantozzi, umile dipendente della Megaditta e metafora dell'impiegato piccolo-borghese degli anni sessanta, insignificante e frustrata pedina del sistema economico italiano ancora malgrado tutto capace di sognare e interiormente ribelle... va in vacanza? All'inizio del quarto episodio della saga (*Fantozzi subisce ancora*, 1983) il nostro eroe, interpretato dall'attore Paolo Villaggio che fu anche ideatore del personaggio e cosceneggiatore dei film, viene coinvolto dal ragionier Filini nel progetto di una vacanza tra colleghi.

Quando i film cult lasciano in eredità...

La signorina Silvani, di cui Fantozzi è segretamente innamorato, ha vinto un camper partecipando a un programma televisivo, così la comitiva si mette al suo seguito con mezzi di fortuna per trascorrere alcune giornate al mare. Malgrado la presenza della moglie Pina, Fantozzi spera che questa sia l'occasione per conquistare la signorina Silvani, ma lei carica sul camper un autostoppista puzzolente, peloso e grassissimo del quale infine si innamorerà, spezzando il cuore di Fantozzi e anche di Pina. La vacanza ha esiti disastrosi per vari motivi e principalmente perché proprio l'autostoppista ha suggerito la destinazione da raggiungere: un paradiso dimenticato che si rivela invece una discarica sul mare.

...anche molta immondizia!

La spiaggia e l'acqua sono invase da ogni genere di rifiuti e la curiosità è che gli scenografi della produzione del film, in base a quanto denunciato vent'anni dopo dalla trasmissione *Striscia la notizia*, in occasione delle riprese ne fecero appositamente scaricare a tonnellate sulla spiaggia di Lavinio, vicino all'oasi WWF di Tor Caldara. Dimenticandosi poi, sempre secondo la ricostruzione della trasmissione satirica, di ripulire. Archeologia cinematografica in pieno stile fantozziano.

La Biennale del riciclo

Tra assedi, guerre e saccheggi, il quinto secolo fu per Roma buio e durissimo. La popolazione passò da circa centomila a trentamila abitanti e sebbene il suo anfiteatro fosse ancora in uso, il Colosseo risultava nel sesto secolo piuttosto sovradimensionato per le necessità urbane. Fu per questo che i romani, senza starci troppo a pensare, iniziarono a smontare le parti inutilizzate del loro più maestoso monumento per riciclarne i materiali. La costruzione era ricca di marmo, in blocchi o in lastre che rivestivano le pareti, e poi c'erano tufo, metalli, mattoni: una vera miniera a cielo aperto. Non si trattava affatto di un comportamento considerato inappropriato, anzi, furono moltissimi i popoli che nei secoli riutilizzarono i materiali di vecchie costruzioni per edificarne di nuove. Di recente quest'uso è stato anche rinverdito conquistando il pubblico internazionale, in occasione della quindicesima Biennale di architettura di Venezia tenutasi nel 2016. Il curatore Alejandro Aravena ha infatti deciso di riutilizzare 90 tonnellate di materiale della Biennale 2015 per realizzare due grandi installazioni. Una scelta in linea con i principi della cosiddetta economia circolare, che tende a evitare sprechi e consumo delle risorse. Perché le città del futuro (cui la Biennale era dedicata) secondo gli architetti non faranno più molta distinzione tra rifiuti e materie prime, e per l'edilizia cominceranno presto ad attingere ai propri scarti.

Chi l'ha detto che le nuove edizioni devono essere tutte rinnovate? Un bell'esempio di riuso arriva dalla Biennale

Trash hotel

Dato che viviamo in mezzo alla spazzatura, perché non dormirci anche dentro? Devono essersi chiesti qualcosa del genere, gli architetti del collettivo Rumlabor che, nel 2014, hanno lanciato il progetto *Hotel Shabby Shabby* (letteralmente "albergo squallido squallido") per la costruzione di alberghi temporanei realizzati utilizzando solo rifiuti, per la precisione quelli prodotti dalla città di Mannheim. L'occasione è stata il Theater Der Welt, festival teatrale tenutosi in città, e la proposta è stata estesa ad artisti, studenti, creativi e studi di architettura, che hanno risposto in massa all'appello. Gli hotel, 22 in tutto, avevano forme e colori piuttosto fuori dal comune, legati ai materiali utilizzati. Alloggi in legno e tende in plastica, un letto coperto da un baldacchino di ombrelli, una stanza realizzata con

Sono ben **22** gli hotel fatti di immondizia creati per il festival Theater Der Welt

un rotolo di tubi simile al bozzolo giallo di uno strano insetto, un'altra costruita fondendo insieme vecchie campane di metallo per la raccolta differenziata.
Le stanze sono state smontate alla fine del festival, ma non era la prima volta che i rifiuti venivano adoperati per realizzare hotel temporanei, come provocazione architettonica o nell'ambito di iniziative in favore dell'ambiente.

Nel 2010, in occasione della Giornata Mondiale dell'Ambiente, per sensibilizzare alla tutela delle spiagge e al corretto smaltimento dei rifiuti era stato edificato il Save the beach hotel, un albergo interamente costruito con i rifiuti raccolti su alcune spiagge europee. Più che un vero albergo, un'installazione per mettere in mostra le conseguenze dei nostri comportamenti meno sostenibili.

Arte da discarica

Vivere quattro mesi in una discarica? Bisogna fare domanda e mettersi in lista: può essere molto richiesto. Dal 1990 sono oltre 170 gli artisti e 30 gli studenti che hanno trascorso un periodo all'interno della discarica di San Francisco, realizzando opere d'arte con ogni genere di rifiuti. La possibilità è offerta dal Recology Air (Artist in residence) Program, che opera anche nelle discariche di Portland, Seattle e Astoria. Recology è una società posseduta al 100 per cento dai suoi impiegati, che opera per la raccolta, il riciclo e la riduzione dei rifiuti, con il fine di raggiungere l'obiettivo *zero waste* (zero rifiuti). L'idea di fondo è quella che l'arte giochi un ruolo unico nell'educazione e nella sensibilizzazione del pubblico: tramite le opere prodotte e le azioni didattiche ad esse collegate, il programma incoraggia i cittadini a guardare i rifiuti sotto una nuova luce, per riflettere sulle pratiche di consumo e sulle possibilità di riuso di ogni materiale. Durante il loro periodo di residenza, gli artisti hanno libero accesso ai materiali non pericolosi presenti nella discarica, possono utilizzare un grande studio completamente attrezzato per produrre le loro opere d'arte e ricevono uno stipendio. In cambio, si impegnano a realizzare le loro opere interamente con i soli materiali che trovano lì e a lasciarne tre al giardino-museo creato da Recology. Se l'idea vi tenta, dovete sapere che la selezione è piuttosto dura: a fronte di oltre cento domande ricevute, in media il Programma sceglie ogni anno solo da quattro a otto artisti.

Poop Senders (spedire la cacca)

I commenti degli utenti sono concordi: il servizio offerto dal sito www.poopsenders.com, che consente di spedire pacchetti di cacca in forma anonima a qualsiasi indirizzo, funziona e garantisce grandi soddisfazioni. A conquistare i *Poop Senders* non è solo l'esotismo dell'offerta, che consente di scegliere tra la cacca di mucca, quella di gorilla e quella di elefante, prelevate da un vicino zoo. Si tratta piuttosto di una semplice quanto geniale trovata. Dentro il pacco, insieme al suo maleodorante contenuto, i destinatari trovano infatti una cartolina che dice: «Sei stato smer...ato. Vuoi sapere da chi?» *(You've been pooped on. Want to know by whom?)*. Ma come – viene da chiedersi – il servizio non era anonimo? I più curiosi, per sapere sono costretti a mettere le mani all'interno del pacchetto, ma solo per scoprire un'altra cartolina che dice... «Non lo saprai mai!» (*We'll never tell*). Soddisfazioni da godere ancora solo negli Stati Uniti, per il momento.

Il migliore degli scherzi non è ancora in commercio in Italia

Opere di carta

Sirene, orecchie d'asino, teste di animali: nelle mani dell'artista Margherita Pillot un materiale umile come la cartapesta si trasforma in mille oggetti preziosi e fantasiosi, maschere, persino nei variopinti copricapi che Vinicio Capossela indossa durante i suoi concerti. Margherita Pillot è una delle eredi di una tradizione artistica polimaterica molto antica. Già i greci usavano fibra di lino amalgamata con stucco e colore per produrre le maschere delle commedie. La cartapesta si produce utilizzando una pasta a base di carta e colla, oppure incollando fogli di carta uno sull'altro. È quindi una tecnica adatta per riutilizzare in modo creativo un materiale prezioso e fondamentale per la nostra vita, ma che non deve essere sprecato. Pare sia stata proprio una pila di cartoni abbandonati per strada a ispirare l'architetto canadese Frank Owen Gehry - lo stesso del museo Guggenheim di Bilbao - l'idea dei famosi mobili, sedie in particolare, della collezione Easy edge, realizzata in cartone. Secondo i più recenti dati dello European Paper Recycling Council, il consumo di carta in Europa supera gli 80 milioni di tonnellate l'anno e dal 1991 al 2015 la percentuale di carta riciclata è cresciuta dal 40 al 71,5 per cento, un valore che mette l'Europa al primo posto nel mondo. Una tendenza positiva, con l'obiettivo di far ancora meglio portando la percentuale al 74 per centro entro il 2020, quando ogni quattro fogli di carta che useremo tre saranno poi riciclati. Le buone notizie non devono comunque farci abbassare la guardia: la carta è un prodotto di origine naturale e non va sprecata. Tanto per cominciare perché in parte non può essere riciclata, per esempio quella igienica. Poi perché produrla e riciclarla costa energia e acqua. Già molte aziende sollecitano i loro dipendenti a stampare meno email e riservare l'uso della carta agli usi più necessari. Nel nostro piccolo, può essere utile riciclare quella usata regalandole molte vite prima di trasformarla in rifiuto, o ancora meglio prima di farla diventare... un oggetto d'arte.

Ci abbiamo giocato tutti, anche gli artisti: è la cartapesta

Capodanno col botto

La polizia nazionale filippina rinviene ogni anno feci umane e animali nelle partite di fuochi d'artificio illegali sequestrate prima di Capodanno. L'uso di escrementi come addensanti nel confezionamento dei fuochi d'artificio è estremamente diffuso nel paese, malgrado medici e tossicologi abbiano a più riprese messo in guardia gli acquirenti: eventuali ferite causate da questo tipo di "botti" diventano per questo motivo molto più pericolose. Semplicemente tenerli in mano (spenti) può contagiare le persone con diversi tipi di malattie, tra cui quelle portate dal batterio *Escherichia coli*.
Un bell'inizio di m...

Gondola gondola va

«Gondola gondola, oeh!» recita una delle strofe di una famosa canzone popolare veneziana «Pope! Oeh! Pope! Oeh!» (il *pope* in veneziano è il gondoliere). Facile immaginarsi la tipica imbarcazione lagunare mentre solca i canali trasportando magari qualche turista. Stando però a una ricerca dell'Istituto di scienze marine del CNR e dell'Istituto idrografico della marina pubblicata dalla rivista "Scientific Data" del prestigioso gruppo Nature Publishing, sotto la chiglia delle tradizionali imbarcazioni veneziane non c'è solo l'acqua della laguna, ma anche oggetti vari come elettrodomestici, container, pneumatici e addirittura piccole imbarcazioni. I ricercatori hanno utilizzato un ecoscandaglio ad alta risoluzione per la misura batimetrica della profondità

L'acqua non la frena: Venezia ha il **57%** di raccolta differenziata dei rifiuti

delle acque, che ha consentito un dettagliato studio morfologico dei canali e delle proprietà fisicochimiche dei fondali del prezioso habitat lagunare. Come ulteriore prodotto, l'ecoscandaglio ha consentito di rivelare la presenza di lavatrici, frigoriferi, lavastoviglie e oggetti di varia natura sul fondo dei canali, gettati via da cittadini con poco senso civico e ambientale. Per fortuna questi gesti incivili sono compensati dal comportamento virtuoso della città nel suo complesso. Secondo il rapporto Ispra sui rifiuti urbani, nel 2017, infatti, Venezia è al secondo posto in Italia nella percentuale di raccolta differenziata dei rifiuti tra le città con popolazione superiore ai 200.000 abitanti; poco al di sotto della migliore d'Italia, Milano, che differenzia invece il 57,6 per cento dei suoi rifiuti.

Bibliografia ragionata

Un elenco di suggerimenti per approfondimenti, fonti dei dati, ulteriori letture, curiosità, in gran parte reperibili liberamente in rete.

Capitolo 1

Il sito della Nepal Mountaineering Association (www.nepalmountaineering.org/home), così come il blog di Alan Arnette (www.alanarnette.com/blog/), contengono molte informazioni sull'Everest.

L'articolo originale di Joseph Shea e colleghi sulle proiezioni relative ai ghiacciai dell'Everest si trova sul sito di The Cryosphere (www.the-cryosphere.net) a questa pagina: http://tinyurl.com/y7p5gxbf.

Wikipedia ha una voce dedicata agli oggetti lasciati sulla Luna: https://en.wikipedia.org/wiki/List_of_artificial_objects_on_the_Moon.

Il sito del Norwegian Polar Institute: www.npolar.no/en.

Una riflessione sulla presenza di DDT negli oceani la potete leggere sul sito di Nature (www.nature.com) a questa pagina: http://tinyurl.com/y8drhoc.

Una ricca fonte di informazioni storiche e scientifiche sull'effetto serra, proveniente dall'American Institute of Physics, è *The Discovery of Global Warming*, alla pagina: http://tinyurl.com/yb9oyx4u, mentre un approfondimento sui gas serra si trova sul sito della US Environmental Protection Agency (www.epa.gov), alla pagina: http://tinyurl.com/zeodmrl.

Il rapporto *Estimates of European Food Waste Levels* è sul sito dell'UE Fusion (www.eu-fusions.org) alla pagina: http://tinyurl.com/ybxr4c4l.

Le direttive europee sulla gerarchia dei rifiuti si trovano sul sito dell'UE (http://ec.europa.eu) alla pagina: http://tinyurl.com/o9blz9q.

Il rapporto ISPRA sui rifiuti urbani edizione 2016 sul sito www.isprambiente.gov.it alla pagina: http://tinyurl.com/ya99bbzb. L'edizione 2017, alla pagina: http://tinyurl.com/ya5s5d9y.

Capitolo 2

Sul sito della US National Oceanic and Atmospheric Administration (www.noaa.gov) potete trovare informazioni sull'inquinamento degli oceani, alla pagina: http://tinyurl.com/zxbntca.

Sulla storia della plastica, invece, si può leggere: www.corepla.it/la-storia-della-plastica. E un video di Rai Scuola (sul sito www.raiscuola.rai.it) racconta com'è fatta la plastica: http://tinyurl.com/y77n4s9y.

Per approfondire in modo semplice la fisica atomica e nucleare, suggeriamo un libro degli autori di Trash: *L'era dell'atomo*, il Mulino, Bologna, 2014.

Dal sito ufficiale della Fondazione Nobel (www.nobelprize.org) si ricavano le informazioni sul premio per la medicina attribuito agli inventori della tomografia: https://tinyurl.com/y9jjy74k.

Dall'US EPA si ottengono informazioni scientifiche dettagliate sul particolato: https://tinyurl.com/y7wjwvyd.

La ricerca dell'università di Oxford su come il sapore percepito del cibo cambia in funzione delle posate si trova sul sito di Flavour (https://flavourjournal.biomedcentral.com) alla pagina: https://tinyurl.com/hd37x34.

L'Organizzazione Mondiale della Sanità (www.who.int)ha pubblicato un documento a proposito dei dieci prodotti/elementi chimici che sono rischiosi per la salute: https://tinyurl.com/yb53z4hl.

L'articolo di "The Lancet" sulla relazione tra fattori di rischio e infarto si trova sul sito della rivista (www.thelancet.com) alla pagina: https://tinyurl.com/y7l24fhd.

Capitolo 3

Il sito della Commissione Europea dedicato all'economia circolare è questo: http://ec.europa.eu/environment/circular-economy/index_en.htm.

Legambiente invece racconta sul suo sito (www.legambiente.it) i "campioni italiani" di economia circolare, alle pagine: https://tinyurl.com/y779wref e https://tinyurl.com/y6w4ag47.

Il sito di Treno Verde: www.trenoverde.it.

I dati sulla raccolta differenziata in Italia si trovano sul sito dell'ISPRA qui http://tinyurl.com/ya5s5d9y e qui https://tinyurl.com/yarehjyn.

Il sito del Corepla ha molte informazioni sulla plastica e il suo riciclo: www.corepla.it.

Pallet e non solo sul sito del centro di ricerca dedicato ai sistemi di imballaggio dell'università americana Virginia Tech: www.packaging.sbio.vt.edu.

L'ex Commissario europeo all'Ambiente a proposito di oro, telefoni cellulari e altro, a questa pagina: https://tinyurl.com/yb7d6mum.

Una tesi presentata alla Columbia University sul riciclo dei rifiuti elettronici e reperibile sul sito dell'università è questa: https://tinyurl.com/gohkjzp.

Il sito della OpenBiome nel quale si parla del trapianto di feci è www.openbiome.org. Sempre sul trapianto di feci, ci sono un comunicato dell'Università Cattolica e dell'Università di Padova, rispettivamente alle pagine https://tinyurl.com/yc3zw2zq e https://tinyurl.com/ybpjfxtc.

Lo studio dell'Istituto per l'acqua, l'ambiente e la salute della United Nations University (UNU-INWEH) a proposito del riciclo delle feci umane come combustibile si trova alla pagina: https://tinyurl.com/ybav854a.

Infine, il video pubblicitario che presenta Poo WiFi a Città del Messico è su YouTube: https://tinyurl.com/y6ut8hd8.

Capitolo 4

Un classico libro sulla termodinamica è questo: Enrico Fermi, *Termodinamica*, Bollati Boringhieri, Torino, 1980.

Il sito della Agenzia Internazionale dell'Energia, IEA, (www.iea.org) presenta del materiale dedicato al rapporto *World Energy Outlook 2016*, alla pagina: https://tinyurl.com/l949qgq.

Un rapporto recente con molti dati sull'energia invece è qui, alla pagina: http://tinyurl.com/ybkfbn4r.

La pagina IEA dedicata a "Energy Access" è questa: www.iea.org/energyaccess.

Un rapporto della Global Phosphorus Research Initiative sul fosforo: http://tinyurl.com/y7483pt3.

La Commissione Europea a proposito del fosforo ha detto quanto riportato qui: http://tinyurl.com/mydhcfw.

A proposito dell'evoluzione dei prodotti assorbenti nei pannolini potete leggere Mauro Cordella, *Evolution of Disposable Baby Diapers in Europe: Life Cycle Assessment of Environmental Impacts and Identification of Key Areas of Improvement*, in "Journal of Cleaner Production", vol. 95, maggio 2015, pp. 322-331.

Per approfondimenti sulla fusione termonucleare controllata, un bel libro divulgativo è *Fisica e ingegneria della fusione: la ricerca verso una nuova fonte di energia*, scaricabile liberamente da qui: https://tinyurl.com/y7fosqnk.

La tecnica di "lavaggio" del biogas ideata dai ricercatori dell'Università di Milano Bicocca si trova sul sito www.unimib.it, alla pagina: https://tinyurl.com/ycaptofs.

Capitolo 5

Il rapporto *The Global E-waste Monitor 2014* si trova sul sito dell'Istituto di studi avanzati di sostenibilità della United Nations University (https://i.unu.edu) alla pagina: https://tinyurl.com/y84mnn6p.

I dati dell'agenzia statistica europea Eurostat sui RAEE sono alle pagine https://tinyurl.com/yal8szo2 e https://tinyurl.com/jv8vnl6.

Il documento dedicato agli intrecci tra illegalità e rifiuti dell'UNEP (United Nations Environment Program) si trova sul sito www.unep.org, alla pagina ttps://tinyurl.com/yalu6g6m.

Informazioni sul concorso Reinvent the Toilet Challenge si trovano sul sito della Bill and Melinda Gates Foundation www.gatesfoundation.org alla pagina https://tinyurl.com/ybpzp7l4.

Sui collaudi dei bagni vi rimandiamo alle pagine https://tinyurl.com/6dadtw e www.map-testing.com.

Il sito dello Urban Canid Project dell'Università del Wisconsin, Madison è http://uwurbancanidproject.weebly.com.

L'Orbital Debris Program Office, il programma della NASA che si occupa di detriti spaziali, lo trovate invece al sito www.orbitaldebris.jsc.nasa.gov.

Il sito NASA sulla competizione Space Poop Challenge è questo: www.nasa.gov/feature/space-poop-challenge.

Alcune informazioni sul Deposito nazionale delle scorie nucleari sono reperibili qui: www.depositonazionale.it.

A queste pagine invece trovate alcuni articoli di "Science" e "Plos One" sulla plastica negli oceani: https://tinyurl.com/z2w93e7 e https://tinyurl.com/oswhvb7.

L'articolo di Federica Bertocchini sul bruco mangi-plastica si trova sul sito http://www.cell.com/current-biology/home alla pagina https://tinyurl.com/y8exaw2d.

Capitolo 6

Alcune informazioni su permafrost e gas serra si trovano sul sito www.noaa.gov alla pagina: https://tinyurl.com/yd6uo42x e sul sito www.iucn.org.

L'articolo di William Colgan sulla rivista "Geophysical Research Letters" si trova alla pagine: https://tinyurl.com/y8r83wlc e https://tinyurl.com/ztlwcq9.

L'articolo di Gerrard sulle scorie dei test nucleari nel pacifico si può consultare alla pagina: https://tinyurl.com/ybfyx3xh.

Il rapporto *Siting of Hazardous Waste Landfills and Their Correlation with Racial and Economic Status of Surrounding Communities* si trova sul sito dell'US GAO (www.gao.gov) alla pagina: https://tinyurl.com/ybfm7c48.

Le idee pubblicate dalla rivista tedesca "Zeitschrift für Semiotik" sul "messaggio nucleare" per il futuro si trovano alla pagina: https://tinyurl.com/yc473kdk.

La storia del Monte Testaccio e la Cloaca Massima sono raccontate sul sito della Sovrintendenza Capitolina ai Beni Culturali (www.sovrintendenzaroma.it) alle pagine: https://tinyurl.com/ycpckccz e https://tinyurl.com/y97wncuu.

A proposito delle fognature di New York, si può leggere la pagina: https://tinyurl.com/7qw5umw.

Lo studio sul consumo delle droghe a partire dall'analisi delle fognature condotto dall'European Monitoring Centre for Drugs and Drug Addiction (Osservatorio europeo delle droghe e delle tossicodipendenze) lo trovate sul sito www.emcdda.europa.eu alla pagina: https://tinyurl.com/okkg24g.

Il rapporto 2015 sullo stato dell'editoria italiana si può leggere alla pagina: https://tinyurl.com/h4mra6t.

Capitolo 7

Lo spreco di cibo è trattato da diversi documenti FAO sul sito www.fao.org alle pagine: https://tinyurl.com/kthb5ws, https://tinyurl.com/6ttw4ja, https://tinyurl.com/ya68wtwq e https://tinyurl.com/krrrngc.

La legge 166/2016 contro lo spreco alimentare si trova alla pagina: https://tinyurl.com/y8s7cwow.

Sul progetto del Refettorio Ambrosiano potete leggere www.refettorioambrosiano.it/progetto/ e la pagina https://tinyurl.com/y9zmytgg.

Il sito dei Freegans: https://freegan.info.

Il sito di Black Ivory Coffee: www.blackivorycoffee.com.

La ricerca del Commonwealth Scientific and Industrial Research Organisation (CSIRO) sulla plastica mangiata dagli uccelli si trova sul sito www.csiro.au alla pagina: https://tinyurl.com/y7fcr8fr.

Il rapporto *Marine Litter Vital Graphics* dell'United Nations Environment Programme dell'UNEP e di Grid-Arenda alle pagine: https://tinyurl.com/yamhfp8e e https://tinyurl.com/y7k888vt.

I siti di alcune iniziative italiane a favore della diminuzione degli sprechi alimentari e del recupero delle eccedenze sono: Last Minute Market alla pagina https://tinyurl.com/ya5x77uk, www.sprecozero.it/waste-watcher, www.bancoalimentare.it/it, www.collettaalimentare.it, Coop, alla pagina https://tinyurl.com/y9o7a2ah, Conad, alla pagina https://tinyurl.com/yahfqme7.

Per gli appassionati di formaggio, le informazioni sul *formadi frant* si trovano alle pagine: https://tinyurl.com/yd5lvewr e https://tinyurl.com/yd3a4pj5.

Dalla Gazzetta Ufficiale la scheda tecnica riguardante la "Grappa Veneta" alla pagina: https://tinyurl.com/y9bo9ycd, ma ci sono anche le schede delle altre Regioni, alla pagina https://tinyurl.com/y9fch9xh.

La raccolta dei rifiuti a Venezia si può leggere alla pagina: https://tinyurl.com/yb23ju95.

Capitolo 8

Dati OMS e UNICEF sul problema della mancanza di servizi igienici nel mondo sono analizzati alle pagine: https://tinyurl.com/nfulvho, https://tinyurl.com/h4nmwbg e https://tinyurl.com/yc3qklgd.

Il rapporto OMS *Progress on drinking water, sanitation and hygiene* si trova alla pagina: https://tinyurl.com/y9d6trp2.

I dati sulla plastica nei cosmetici secondo l'UNEP si trovano sul sito www.unep.org, alla pagina: https://tinyurl.com/ycxndamv.

Il sito del World Toilet Day: www.worldtoiletday.info.

L'articolo di "Gut" (1991) sull'espulsione di gas intestinali nell'uomo, si può leggere alla pagina: https://tinyurl.com/ya3a2e26.

Capitolo 9

Il divertente post di facebook sulla *poopcalypse* si può leggere pubblicamente al link: https://tinyurl.com/gvgmuj5.

Il sito del progetto artistico Nuclear Culture Research Project: http://nuclear.artscatalyst.org.

Il Museo di Mineralogia dell'Università di Pavia parla di sabbie alla pagina: http://musei.unipv.it/Mineralogia/sedimentarie.htm.

Il sito della Biennale di architettura di Venezia, 2016: www.labiennale.org/it/architettura/2016.

Il sito dell'European Paper Recycling Council: www.paperrecovery.org.

Sulla storia della cartapesta potete leggere: www.inforestauro.org/bibliografia.html.

Dati del Comieco sulla raccolta differenziata di carta e cartone si trovano sul sito www.comieco.org alla pagina: https://tinyurl.com/y8c2pq33.

Il comunicato CNR sulla ricerca dedicata al rilievo della morfologia di dettaglio dei canali della laguna di Venezia si trova sul sito www.cnr.it, alla pagina: https://tinyurl.com/y8y5y35o.

Ringraziamenti

Questo libro deve molto alla collaborazione di alcuni amici e professionisti che hanno scritto, corretto e ci hanno aiutato a reperire dati e informazioni.
Grazie quindi a Claudio Bartocci, Roberta Cella, Vittorio Marchis, Alessandro Marzo Magno e Andrea Tagliapietra per le loro introduzioni, che impreziosiscono e completano il libro e ci ricordano che sono sempre molte di più le cose che non sappiamo di quelle che pensiamo di conoscere. Leggete i loro libri, sono davvero belli. Ad Andrea anche un ulteriore ringraziamento per aver sempre speso parole in favore dell'idea alla base di questo libro.

Grazie a Filippo Bernocchi di Ancitel Energia e Ambiente, Geir Wing Gabrielsen del Norwegian Polar Institute, Marco Sabatini Scalmati di Sogin, Daniela Ruggieri del Corepla per averci aiutato a inquadrare temi e problemi dei rispettivi settori.

Ad Ama Roma, Ancitel Energia e Ambiente, CiAl, Conoe, Consorzio Ricrea, Contarina, Corepla, Coreve, Enel Green Power, Ispra per aver condiviso i propri dati e sostenuto ognuno a suo modo questo progetto.

Grazie a Cecilia Toso e Stefano Milano per averci spronati e sostenuti durante il complesso lavoro di scrittura e ideazione di questo libro. Grazie a famigliari, genitori, amici e maestri che in modi, luoghi, tempi diversi ci hanno instillato curiosità e senso critico, facendoci venir voglia di raccontare.

A Rosalba per il supporto operativo.

Uno degli autori, infine, ringrazia i malgari friulani che, ancora ignari dell'esistenza dell'economia circolare, invece di buttarle hanno riciclato per la prima volta le loro forme di formaggio creando il *formadi frant*.

Finito di stampare nel mese di novembre 2017
per conto di Codice edizioni, srl
da Rubbettino print, Soveria Mannelli (CZ)